高等职业教育虚拟现实技术系列教材

U0290584

VR 全景技术

（微课版）

谢建华　主　编

邓桂荣　副主编

电子工业出版社

Publishing House of Electronics Industry

北京·BEIJING

内 容 简 介

本书图文并茂，结合项目案例，以实践活动为主线组织编排，将理论知识与实践项目有机结合；习题设计多样，题型丰富，并注重加强综合性的练习，实现"便于教，易于学"的授课目的。

本教材共 6 个项目，项目一为"三维全景技术基础"，介绍了全景摄影设备和摄影基础等知识；项目二为"全景图拍摄"，介绍了全景图拍摄技术和室内外的全景图拍摄流程；项目三为"全景图合成"，介绍了全景图的合成制作技术；项目四为"全景视频制作"；项目五为"VR 全景漫游制作"；项目六为"旅游景点 VR 全景制作——以沙湾古镇为例"，以综合案例的形式介绍了 VR 全景项目的全流程。

本教材可作为高职高专院校"虚拟现实技术应用"专业相关课程的教学用书，也可作为成人高等院校、各类培训班的参考用书，同时还可作为计算机从业人员和爱好者的阅读资料。

图书在版编目（CIP）数据

VR 全景技术：微课版 / 谢建华主编. —北京：电子工业出版社，2023.2

ISBN 978-7-121-44859-1

Ⅰ. ①V… Ⅱ. ①谢… Ⅲ. ①虚拟现实—高等学校—教材 Ⅳ. ①TP391.98

中国国家版本馆 CIP 数据核字（2023）第 010889 号

责任编辑：徐建军 特约编辑：田学清
印　　刷：北京七彩京通数码快印有限公司
装　　订：北京七彩京通数码快印有限公司
出版发行：电子工业出版社
　　　　　北京市海淀区万寿路 173 信箱　　　邮编：100036
开　　本：787×1092　　1/16　　印张：10.75　　字数：203 千字
版　　次：2023 年 2 月第 1 版
印　　次：2025 年 5 月第 4 次印刷
定　　价：35.00 元

凡所购买电子工业出版社图书有缺损问题，请向购买书店调换。若书店售缺，请与本社发行部联系，联系及邮购电话：（010）88254888，88258888。

质量投诉请发邮件至 zlts@phei.com.cn，盗版侵权举报请发邮件至 dbqq@phei.com.cn。

本书咨询联系方式：（010）88254570，xujj@phei.com.cn。

　　近年来，随着虚拟现实（Virtual Reality，VR）技术的快速发展，其在诸多领域得到了广泛的应用。2016 年被称为 VR 产业元年，各类 VR 应用竞相涌现，VR 全景拍摄、制作、展示、商业全景应用开发得到迅猛发展，VR 业务涉及学校、医院、旅游、酒店、房地产、装饰、休闲娱乐等行业。VR 与人们的日常生活紧密联系起来。

　　2018 年 9 月，教育部将"虚拟现实应用技术"专业列入《普通高等学校高等职业教育（专科）专业目录》，规定自 2019 年起执行，该专业归属于电子信息大类，专业类为计算机类。2021 年 3 月，教育部公布了《职业教育专业目录（2021 年）》，在职业教育（专科）中，"虚拟现实应用技术"专业改为"虚拟现实技术应用"专业；在职业教育（本科）中，开设"虚拟现实技术"专业。相关人才培养已经刻不容缓，但是在目前的高职教材市场上，与 VR 相关的教材不多，本教材正是在该背景下编写的。本教材力图通过全面介绍 VR 全景技术及其应用，结合高职教育规律，采用"项目任务驱动式"模式进行编写，使高职学生尽快了解相关基础理论知识、应用方法和技巧。

　　本教材图文并茂，结合项目案例，以实践活动为主线组织编排，将理论知识与实践项目有机结合；习题设计多样，题型丰富，并注重加强综合性的练习，实现"便于教，易于学"的授课目的。

　　本教材的突出特点如下。

　　（一）本教材采用"项目任务驱动式"模式进行编写。在内容编排上，本教材改变了以知识点和能力点为体系的框架，而以实践活动为主线，采用"项目介绍→任务安排→学习目标→具体任务"体例编排，将理论知识与实践项目有机结合。

　　（二）以学生为本，突出实践。本教材可使学生在实践项目中学习、在自主学习中创造，突出实践，深化学生过程性体验，有效提升课堂的活跃互动程度，在一定程度上强化了教学效果。

　　（三）理论适度，突出实用性。本教材以"理论必需、够用为度、突出应用"为指导思想，注重培养学生的应用能力和创新能力，注重解决实际问题，体现了"实用性"和"职业性"并举的高职教育特色。

　　（四）本教材的编写团队采取校企合作方式，既充分利用一线教师对高职教学及教学模式的丰富经验，又结合企业实际项目，二者相得益彰。

　　本教材共 6 个项目，项目一为"三维全景技术基础"，介绍了全景摄影设备和摄影基础等知识；项目二为"全景图拍摄"，介绍了全景图拍摄技术和室内外的全景图拍摄流程；项目三为"全景图合成"，介绍了全景图的合成制作技术；项目四为"全景视频制作"；项目五为"VR全景漫游制作"；项目六为"旅游景点VR全景制作——以沙湾古镇为例"，以综合案例的形式介绍了VR全景项目的全流程。

广州番禺职业技术学院谢建华老师编写了项目一（不含任务三）至项目五，广州梦影广告有限公司邓桂荣老师编写了项目六和项目一中的任务三。本教材在编写过程中得到了网龙网络技术（广州）有限公司、广州大画文化传播有限公司和广东众智未来教育科技有限公司的支持，这些公司的工作人员为本教材提供了相关素材资源和编写思路，在此表示感谢。

为便于学生学习，本教材配有学习视频，学生扫描书中相应的二维码，便可以通过微课方式进行在线学习。编者还为本教材配备了电子课件、练习素材等教学资源，学生可以在华信教育资源网（www.hxedu.com.cn）注册后免费下载。如有其他问题，可在网站留言板留言或与电子工业出版社联系（E-mail：hxedu@phei.com.cn）。

由于时间仓促，加之编者的学识和水平有限，书中难免存在不足之处，敬请广大读者指正。

编　者

CONTENTS 目录

项目一

三维全景技术基础

项目介绍

三维全景技术主要以真实自然场景为拍摄对象，搭建一个虚拟 3D 球体或立方盒子，人由一个点向四周观看，沉浸在虚拟的"真实"环境里，进行交互浏览体验，也可以在计算机、移动设备上进行交互浏览体验。三维全景技术分为两大部分，一是全景摄影摄像技术，二是通过后期合成技术创建一个三维图像虚拟现实场景。全景摄影摄像技术是二维的，与人的视觉观察规律相同，人在移动过程中视角不断发生变化，眼前的景物（画面）也随之发生有规律的变化，在人的大脑中产生立体视觉效果。三维全景技术根据这个规律模拟创建计算机桌面图像虚拟现实和沉浸式虚拟现实技术，其所呈现的视觉三维立体效果使人沉浸在虚拟的"真实"环境里。模拟交互是事先设计好的，只能按照其既定规律进行移动浏览，并借助大数据产生更多的内容展示。而 3D 搭建模型场景在沉浸式交互时，不但可以支持浏览观看，还可以进行虚拟模型移动，改变虚拟的环境。

三维全景技术早期主要是广泛地应用在影视后期制作之中，现在与 VR、AR、MR、大数据等相互配合，达到了以假乱真的地步，更广泛地应用在了我们当今的生活、工作、学习、商务、社交、文旅、教育、娱乐等诸多领域之中。

任务安排

任务一　虚拟现实技术和三维全景技术

任务二　全景摄影设备

任务三　全景摄影基础

学习目标

知识目标：

◇ 熟悉三维全景技术

◇ 熟悉常见的全景摄影设备；

◇ 熟悉全景摄影设备的参数设置及组合使用；

◇ 熟悉全景摄影摄像技术；

◇ 熟悉三维全景图拍摄技术。

能力目标：

◇ 掌握常见三维全景技术；

◇ 会搭配常见相机和镜头及参数设置；

◇ 会使用单反数码相机等工具进行全景图拍摄。

任务一　虚拟现实技术和三维全景技术

➡ 任务描述

王山同学（化名）是位摄影爱好者，拍摄过不少作品，通过网络看到三维全景图和全景视频，觉得很震撼，非常感兴趣，他很想了解三维全景技术的特点、全景图的分类、全景图的应用、全景图的制作等知识。

➡ 任务分析

全景应用由来已久，随着这些年虚拟现实技术的广泛应用，越来越多的人了解到全景技术，对三维全景技术的特点、全景图的分类、全景图的应用及全景图的制作等有了更深入的理解。

➡ 知识准备

三维全景技术是迅速发展并逐步流行的一个虚拟现实分支。传统三维技术及以VRML（Virtual Reality Modeling Language，虚拟现实建模语言）为代表的网络三维技术都采用计算机生成图像的方式来建立三维模型，而三维全景技术则是利用实景照片建立虚拟环境，按照"照片拍摄"→"数字化"→"图像拼接"→"生成场景"的模式来完成虚拟现实的创建，更为简单实用。

1.1.1 虚拟现实技术概述

虚拟现实（Virtual Reality，VR）技术产生于 20 世纪 60 年代，但是其概念最早由美国 VPL 公司创始人杰龙·拉尼尔（Jaron Lanier）于 20 世纪 80 年代提出。VR 技术是一门综合性技术，涉及计算机图形学、多媒体技术、传感技术、人机交互技术、计算机仿真技术、显示技术和网络并行处理等。它以计算机技术生成一个三维虚拟环境，通过一些特色的输入输出设备，使人们感触和融入该虚拟环境，并能通过多感官实时感受三维世界，还可以自然地与计算机进行互动交流。人和计算机可以很好地"融为一体"，给人一种身临其境的感觉。

虚拟现实是发展到一定水平的计算机技术与思维科学相结合的产物，它的出现为人类认识世界开辟了一条新的途径。虚拟现实的最大特点是：用户可以使用自然方式与虚拟环境进行交互操作，改变了过去人类要么亲身经历，要么只能间接了解环境的模式，从而有效地扩展了人类的认知手段和领域。

虚拟现实中的"现实"可以理解为自然社会物质构成的任何事物和环境，物质对象符合物理动力学的原理，而该"现实"又具有不确定性，即其"现实"可能是真实世界的反映，也可能是世界上根本不存在的、由技术手段"虚拟"出来的事物和环境。虚拟现实中的"虚拟"是指由计算机技术来生成一个特殊的仿真环境，在这个特殊的仿真环境里，人们可以通过特殊装备将自己"融入"这个环境，并操作、控制环境，实现人们的某种特殊目的。"虚拟"说明这个环境是虚拟的，是人工制造的，存在于计算机内部。人们可以"进入"这个仿真环境，可以以自然的方式和这个环境进行交互。所谓交互是指在感知环境和干预环境中，可以让人们产生置身于相应的真实环境中的虚幻感、沉浸感，即身临其境的感觉。

我国著名科学家钱学森教授认为，Virtual Reality 展示了视觉的、听觉的、触觉的和嗅觉的信息，使接受者感到仿佛身临其境，但是这种身临其境感并不是真的身临其境，只是感受而已，是虚的。为了使人们便于理解和接受 Virtual Reality 技术的概念，钱学森教授按照我国传统文化的语义，将 Virtual Reality 技术称为"灵境"技术。

19 世纪初，人类发明了照相技术，1833 年又发明了立体显示技术，使得人们借助一个简单的装置就可以看到实际场景的立体图像。之后，1895 年出现了世界上第一台无声电影放映机，1900 年出现了有声电影，1935 年出现了第一部彩色电影，1941 年出现了彩色电视机。与电影相比，电视可以使观众看到实时现场情景，因此显得更为生动。同时，电视的出现引出了"遥现"（Telepresence）的概念，即通过摄像机重现人同时在另一个地方的感觉。这些萌芽的概念为后来人们追求更加逼真的环境效果提供了非常直接的原动力。

然而，VR 技术的发展进入快车道还是在计算机出现之后，加之其他技术的进步，以及社会市场需求的提高，人们越来越追求逼真、交互等效果，于是经历了漫长的技术积累后，VR 技术逐步成长起来，并日益显现出强大的社会效果。

对于房地产商来说，传统的样板间往往存在造价昂贵、重复使用率低、户型局限等诸多问题，这些问题通过虚拟样板间就能很好地解决。在售房过程中，应用 VR 技术，可以通过网络进行 VR 看房，客户可以在 VR 系统中自由行走、任意观看。虚拟样板间突破了传统三维动画的瓶颈，为客户带来了难以比拟的真实感和现场感。比如贝壳 VR 看房，对于购房者来说，既可以通过虚拟样板间查看房间结构，还可以自主进行家装设计，提升自身的体验感。

VR 技术采用三维显示技术构建具有逼真效果的虚拟商场，使用户在逛虚拟商场的过程中拥有如逛实体商场一般的体验，在虚拟商场里没有实体商场的喧嚣、众人的拥挤，用户可以尽情地浏览各种商品。采用 VR 技术构建的三维商品模型具有逼真度高的特点，人们可以全方位地观察商品的外观和内部结构，同时还可以通过动画效果了解商品的性能、功能和质量情况等。

1.1.2　三维全景技术概述

全景（Panorama）的英文单词来源于希腊语，寓意为"视野中的所有景色"，随着时间的变迁，全景创作被广泛运用在绘画及摄影领域。

扫一扫

我们非常熟悉的北宋画家张择端绘制的《清明上河图》，画幅超过 5 米，记录了北宋时期都城东京（今河南开封）的城市面貌和人民生活状况。画家用高超而又前瞻性的画笔描绘出了北宋都城形形色色人物的真实生活，信息量极大。《清明上河图》可以称为最早的全景图之一。

近些年来，随着 VR 产业的兴起，全景图等基于图像的场景构建技术获得大量应用，人们发明了各种各样的全景拍摄设备，并纷纷运用全景图进行场景展示、新闻报道、赛事直播等。后来甚至出现了一种全新的电影形式——全景电影，即 VR 电影。在 VR 电影中，用户将不完全受控于导演的拍摄角度，而是可以 360° 地自由观看，产生了一种全新的观影体验。相比于基于几何模型的虚拟环境构建方式，三维全景图的制作只需要拍摄、拼接，制作更容易、快捷。

1.　全景图分类

根据制作及表现形式，全景图可以分为柱形全景图、球形全景图、立方体全景图和对象全景图等类型。

1）柱形全景图

柱形全景是最简单的全景形式，可以将周围的世界想象为一个圆柱体，而人们处于这个圆柱体的中心。人们水平环顾一周，所看到的图像展开就是柱形全景图。

柱形全景的图像采集非常方便，用户通过普通的数码摄像设备甚至是手机摄像头即可完成。柱形全景拍摄时需要将摄像设备固定在场景中心，进入拍摄环节时，摄像设备以自身为中心环绕一圈并在环绕过程中不断拍摄，最后拼接起来的图像就是柱形全景图。

柱形全景图的水平视角可以达到 360°，但是其垂直视角并没有达到 180°，在播放时，人们可以自由地水平环视场景，但是垂直视角受到限制，人们无法看到场景中的顶部和底部。

2）球形全景图

球形全景就是将周围的世界看成一个球体，人们处于球体中心。此时，人们不仅可以水平环顾一周看到场景，而且可以上下观察，所看到的图像展开就是球形全景图。球形全景的拍摄过程与柱形全景类似，不同的是，球形全景需要对场景的顶部和底部进行拍摄，最后拼接成球形全景图。

球形全景图不仅水平视角可以达到 360°，而且垂直视角也可以达到 180°，在播放时，人们可以自由地水平环视场景，垂直视角上也可以上下 90° 自由观看。与柱形全景图相比，球形全景图的制作更为复杂。

3）立方体全景图

立方体全景是指将图像投影到立方体的 6 个表面上，每个表面上的图片都是水平视角、垂直视角均为 90° 的正方形图像。人们处于立方体的中心观察周围环境时，如果每个视角得到一定的补偿，将实现与柱形全景或球形全景类似的环视效果。

立方体全景的图像采集难度高，由于其对每张图片的拍摄角度及范围距离都有较高的要求，因此在拍摄立方体全景时需要借助专业的拍摄工具，在水平和垂直方向上以 90° 为间隔拍摄 6 张图像，将 6 张图像按照立方体的 6 个表面进行无缝拼接后，即可获得立方体全景图。立方体全景图的可视角度可达到水平方向 360°，垂直方向 180°。

4）对象全景图

对象全景是指以目标对象为中心，摄像机围绕其进行 360° 拍摄，得到最终图片，生成相应图像；或者摄像机不动，将目标对象旋转 360°，摄像机均匀且持续地拍下多张图片，最终生成相应图像。

通常标准的对象全景图是一张长宽比为 2∶1 的图片，其原因是拍摄对象全景图时使用的是等距圆柱投影方式。等距圆柱投影是一种将球体上的每个点投影到圆柱体的侧面，投影后再将圆柱体展开，就得到一张长宽比为 2∶1 的长方形图片。

全景视频则是一种利用 3D 摄像机进行全方位 360° 拍摄的视频，用户在观看视频的时候可以随意调节视频观看角度。

人们可以上下左右 360° 任意观看全景视频，而且不受时间、空间和地域的限制，使人们有一种真正意义上的身临其境的感觉。全景视频不再是单一的静态全景图，它具有景深、动态图像、声音等元素，同时具备声画对位、声画同步的特点，所以全景视频可以表现出传统全景望尘莫及的效果，在质、量、形式和内容上有了巨大飞跃。

2. 全景图特点

VR 全景技术是基于全景图的真实场景虚拟现实技术，是 VR 技术中的核心部分。VR 全景是将相机环绕 360° 拍摄的一组或多组照片拼接成一个全景图，通过计算机技术协助人们实现全方位互动式观看的真实场景还原展示方式，全景图为能够给人以三维立体感觉的实景 360° 全方位图像，因此 VR 全景具有如下特点。

（1）全方位。全面地展示了 360° 球型范围内的所有景致，通过使用鼠标左键按住拖动，可以观看场景的各个方向。

（2）实景。真实的场景，三维实景大多是在照片基础之上拼合得到的图像，最大限度地保留了场景的真实性。

（3）360°环视效果。虽然照片都是平面的，但是通过软件处理之后得到的360°实景图却能给人带来三维立体的空间感觉，使人们犹如身在其中，给人们带来全新的真实现场感和交互式感受。

基于全景图的全景技术与基于三维建模虚拟全景技术相比，具有以下优势：

（1）真实性强，实景场景摄影，真实逼真的还原表现；

（2）播放设备硬件要求低，普通电脑均可播放，无须专门工作站；

（3）开发周期短，开发成本低。拍摄制作比三维制作速度快，时效性强；

（4）导览性、交互性强；

（5）画面质量高，高清晰度的全屏场景，细节表现完美；

（6）数据量小，非常适合网络式访问观看。

任务二　全景摄影设备

➡ 任务描述

王山同学虽然拍摄过不少摄影作品，接触过不少类型的相机，但是很想进一步了解全景摄影所需器材，希望了解全景摄影常见器材类型、基础操作等。

➡ 任务分析

三维全景图的拍摄所需器材可以是常见的单反数码相机，也可以是更常见的手机。本文将介绍一些高级的多机组合相机，可以协助人们更便利、更高效地完成全景摄影。

➡ 知识准备

通常只要是可以记录影像的设备，均可以作为VR全景图采集设备来使用。"工欲善其事，必先利其器"，有一套好的摄影设备对于全景图制作来说至关重要。单反数码相机可以设定手动模式，人们可以手动调节焦距、光圈值、快门速度等参数，因此，拍摄出来的全景图质量有保证。随着手机相机性能的不断增强，不少摄影爱好者也可以通过手机来拍摄VR全景图，但是手机相机的很多参数是已经设定好的，无法进行调节，因此，手机相机的成像质量不能得到保障。为追求效率和便捷性，多镜头的一体机/多机组合相机应运而生，一体机一般自带拼接缝合功能，非常适合不希望做后期缝合拼接等技术处理的玩家，也为全景摄影的快速普及带来便利。

全景摄影设备概述

要掌握全景摄影摄像技术，人们必须具备一定的摄影摄像知识和操作经验，了解所使用的数码相机的性能和操作技巧。全景摄影设备包括全画幅数码相机，带有刻度、水平仪、能 360°拍摄的云台或全景云台，三脚架，标准镜头（45～55mm），鱼眼镜头，快门线或遥控器，遮光罩等。

1）单体机——单镜头反光数码相机（简称"单反数码相机"）

单反数码相机有两种类型，一是半画幅单反数码相机，二是全画幅单反数码相机，半画幅单反数码相机拍出的画面与取景框中显示的画面不一样，需要乘系数比。全画幅单反数码相机拍出的画面则与取景框中显示的画面一样，比例为 1∶1。全画幅单反数码相机的特点是像素高，可满足全景超大高清图片对细节或细小局部的要求，如图 1.1 所示。市场中的代表机型有尼康、佳能、宾得、富士等。

图 1.1　单体机（全画幅单反数码相机）

单反数码相机的工作原理是：光线透过镜头到达反光镜后，折射到上面的对焦屏并结成影像，透过接目镜和五棱镜，我们可以在观景窗中看到外面的景物。与此相对的，一般数码相机只能通过 LCD 屏或者电子取景器（EVF）看到所拍摄的影像。很显然，直接看到的影像比通过处理看到的影像更逼真。

使用单反数码相机拍摄时，按下快门按钮，反光镜便会向上弹起，感光元件（CCD 或者 CMOS）前面的快门幕帘便会同时打开，通过镜头的光线便投影到感光元件上感光，然后反光镜立即恢复原状，观景窗中可以再次看到景物。单反数码相机的这种构造确定了它是完全透过镜头对焦拍摄的，它能使观景窗中看到的景物和胶片上的永远一样，它的取景范围和实际拍摄范围基本一致，十分有利于直观地取景构图。

另外，单反数码相机还有一个很大的特点就是可以更换不同规格的镜头，这是单反数码相机天生的优点，是普通数码相机不能比拟的。

2）多机组合机

多机组合机是指多台数码相机组合成一个整体，各个相机按照不同的角度组合在一起，一次性拍摄完成，比如 GoPro 摄像相机组合机，如图 1.2 所示。还有一种模式是多个摄像头组合成一体机。

图 1.2　GoPro 摄像相机组合机

GoPro 摄像相机组合机有 6 机组、8 机组、10 机组、14 机组的形式，相机组合台数越多，对后期合成就越有利，但是它的分辨率比全画幅数码相机的分辨率低很多，只适用于一般分辨率要求不高的产品。GoPro 摄像相机组合机体积小巧、重量轻、防水、防震、防抖，拥有 F2.8 镜头、1200 万像素感光元件，支持 4K/1080p 高清视频拍摄，配备的遥控器可以在 180 米的距离内同时遥控 50 台设备，具有直播、音频、人脸、微笑和场景等检测功能，满足了全景图和全景视频的拍摄要求，可以安装在无人机上进行拍摄。

双目全景相机，顾名思义就是有两个镜头的相机，通常为鱼眼镜头。这类相机通常是通过连接移动 Wi-Fi 的方式来控制相机进行拍摄的，拍摄完毕后相机会自动合成一张 2:1 的 VR 全景图。目前市场主流的产品有理光 THETA 相机、Insta360 ONE X2 全景相机等，图 1.3 所示就是 Insta360 ONE X2 全景相机。两枚镜头规格一致、F2.0 的光圈、1800 万像素、270°超广角的配置保证最后合成的全景视频或全景图不会出现曝光、白平衡乃至像素的偏差。其最高可拍出 5.7K（6080px×3040px）/30fps 的全景视频，以及 2K

（2560px×1440px）/50fps 的超广角防抖视频；照片模式下则可拍出最高 4320px×1440px 的 270°超广角照片。它有多种拍摄模式，包括 360°拍摄、用于制作平面视频的 Steady Cam、用于制作全景视图的 InstaPano 和同时显示两个角度的 MultiView。用户还可以使用 Insta360 iPhone 应用程序编辑 360°视频，以提取视频中有趣的部分，它有一个小的预览屏幕，可以使拍摄者看到镜头所摄取的东西，同时还支持触摸手势。

图 1.3　Insta360 ONE X2 全景相机

Insta360 Pro 2 是 Insta360 Pro 的升级版，如图 1.4 所示，它配备了 6 颗 F2.4 鱼眼镜头，支持 8K 高清画质，实现全景与全景 3D 拍摄，采用独有的光流拼接技术完美呈现 360°细节；配备了九轴陀螺仪，并且实现了针对运动场景的 FlowState 超级防抖，可实时拼接、同步监看，支持高帧率高速摄影等功能。此外，它还搭载了最新研制的 Farsight 图传系统，配合使用可实现远距离的流畅操控。Insta360 Pro 2 为创作者带来了一体化高效能解决方案，推动了 VR 影像"摄编存播显"整个工艺流程的完善，让 VR 影视制作专业实现一步到位。

拍摄照片之前，要事先检查好相机电池电量，以及存储介质的格式和容量，确认拍摄环境的安全性，选择合适的支架和配件。

（1）存储介质：拍摄前一定要确认格式为 exFAT，避免启动时格式不匹配耽误拍摄时机。

（2）**电池电量**：Insta360 Pro 2 的电池满电可以使用约 50 分钟，拍摄一般移动照片，可以根据需求，多准备几块电池。

（3）**陀螺仪校准**：拍摄之前，通过 Insta360 Pro 2 相机控制客户端查看预览画面，判断是否需要进行相机的陀螺仪校准。

图 1.4　Insta360 Pro 2

（4）**拼接校准**：如果只进行后期拼接，则不用对相机进行拼接校准；如果需要实时拼接和实现更好的预览观看效果，可以进行拼接校准；当有较为明显的远近距离的拍摄环境转换时，如室内室外环境切换，应该重新拼接校准。

可以通过支持全平台的 Insta360 Pro 2 客户端对相机进行操控。当然，也可以独立使用拍摄照片，拍照默认 5s 延迟，如果需要其他设置，可以采用保存设置 customize 的功能，这样相机在启动下次拍摄的时候，自动采用上次保存的设置。

单机拍摄的数码相机能够使用高分辨率的镜头和大尺寸 CMOS（CCD），优势在于全景图超视距的分辨率和高清晰度支持放大每个细节，应用于介绍和展示类别的互动。缺点是速度慢、不能拍摄动态全景视频，且拍摄难度大，需要拍摄者具有丰富的摄影经验。多机组合机（一体机）拍摄的优势在于非常适合拍摄动态全景视频，比如滑雪、极限运动、跳伞、游乐场、户外运动、家庭聚会等，一次成像，速度快；缺点是由于主要拍摄动态影像，太高的像素不利于捕捉动态，如图 1.5 所示。

图 1.5　拍摄动态影像

3）云台

云台是指光学设备底部和固定支架连接的转向轴。许多数码相机使用的三脚架并不提供配套的云台，用户需要自行配备，如果要拍摄全景图则需要使用全景云台，如图 1.6 所示。

图 1.6　全景云台

全景云台的工作原理是，首先，全景云台具备一个 360°刻度的水平转轴，可以安装在三脚架上，并可以对安装数码相机的支架部分进行水平 360°的旋转。其次，全景云台的支架部分可以针对数码相机进行微调，从而实现适应不同数码相机宽度的完美效果。数码相机的宽度直接影响全景云台节点的位置，因此如果一个云台可以调节数码相机的水平移动位置，基本上就可以称为全景云台。

4）三脚架

三脚架的主要作用是稳定数码相机，保证数码相机的节点不会改变，尤其是在光线不足或拍夜景的情况下，三脚架的作用更加明显。用户如果要拍摄夜景或者带涌动轨迹的图片，曝光时间需要加长，这个时候，数码相机不能抖动，就需要三脚架的帮助，如图 1.7 所示。

图 1.7　带有刻度的三脚架

定位三脚架时，需要注意以下几点。

（1）在使用前取出三脚架，展开后利用三脚架的升降功能将摇杆旋转至工作高度（工作高度等于身高减 30cm），取下云台的快装板，将其与相机连接起来。

（2）拧紧在相机底部的螺丝锁，将相机和快装板装在云台上，按要拍照的镜头调整工作高度，这时可以使用摇杆来调整高度。

（3）在展开每支脚管时务必把每支脚管全部拉打开至最大限度，全部展开三支脚管。因为在操作相机时，如果脚管没有拉至最大限度则影响稳定性。

（4）将扣固定好，脚管关节部位很容易出现松动的情况，三支脚管也必须展开到最大限度。固定在地面的面积已足够大，因此三脚架也不容易移动。

（5）将三脚架的其中一支脚管调到镜头的正下方，另外两支脚管指向拍摄方向，这样拍照的时候才不会碰撞到脚管。

（6）检查固定座。观察固定座是否固定完好，如果没有固定完好，则必须再次固定。

（7）找出水平仪，找出水平仪的目的在于在使用时方便核对三脚架是否平稳，以保证使用的效果，如图 1.8 所示。

图 1.8　找出水平仪

5）镜头

单反数码相机配备的镜头的视角应尽可能大，这样可以包含更多的景物，从而减少拍摄次数。拍摄视角范围越窄，制作 VR 全景图所需拍摄的照片张数就越多。拍摄照片的张数太多不仅增加拍摄工作量，还会在后期缝合时产生拼接错位或出现残影等问题。

标准镜头是视角为 50°左右的镜头的总称，它是根据相机所拍摄画幅的对角线长度设定的，也就是说其焦距长度和所摄画幅的对角线长度大致相等，因此，不同画幅的相机，标准镜头的设定也就不同。比如，拍摄 6×6cm 画幅的相机可设定为 75～80mm 焦距的镜头，其视角一般为 45°～50°。标准镜头通常指焦距在 40mm 至 55mm 之间的摄影镜头，标准镜头所表现的景物的透视感与目视比较接近。标准镜头是所有镜头中最基本的一种，如图 1.9 所示。

图 1.9　标准镜头

一方面，标准镜头呈现了纪实性的视觉效果画面，所以在实际的拍摄中，它的使用频率较高。但是，另一方面，由于标准镜头的画面效果与人眼视觉效果十分相似，故使用标准镜头拍摄的画面效果又是十分普通的，甚至可以说是十分"平淡"的，很难实现广角镜头或远摄镜头那种渲染画面的生动效果。因此，要使用标准镜头拍出生动的画面来是很不容易的。但是，标准镜头所表现的视觉效果有一种自然的亲近感，摄影者使用标准镜头拍摄时与被摄物的距离也比较适中，所以标准镜头在普通风景、普通人像、抓拍、纪念照等摄影场合使用较多。另外，摄影者容易忽略的是，标准镜头是一种成像质量上佳的镜头，它对于被摄物细节的表现非常突出。

鱼眼镜头是一种焦距为 16mm 或更短的并且视角接近或等于 180°的镜头，它是一种极端的广角镜头。为使镜头实现最大的摄影视角，这种镜头的前镜片直径很小且呈抛物状向镜头前部凸出，与鱼的眼睛颇为相似，"鱼眼镜头"因此而得名，如图 1.10 所示。

鱼眼镜头的最大特点是视角范围大，视角一般可达 220°或 230°，这为近距离拍摄大范围景物创造了条件。鱼眼镜头在接近被摄物时能产生非常强烈的透视效果，突出被摄物近大远小的对比，使所摄画面具有一种震撼人心的感染力。鱼眼镜头具有相当长的景深，有利于表现照片的长景深效果。鱼眼镜头的成像有两种，一种是和其他镜头一样，成像充满画面；另一种是成像为圆形。无论是哪种成像，使用鱼眼镜头拍摄的照片变形相当厉害，一只伸向鱼眼镜头的手臂会显得比原先长一倍，透视汇聚感强烈，因此鱼眼镜头常被用作特殊效果镜头。

图 1.10　鱼眼镜头

使用焦距为 15mm 的鱼眼镜头拍摄 VR 全景图，在成片质量与拍摄效率之间有较好的平衡点；使用焦距为 8mm 的鱼眼镜头拍摄 VR 全景图，视角范围很大但图片四周没有画面，会降低图片的像素，所以使用 8mm 的鱼眼镜头拍摄出的作品不如使用 15mm 的鱼眼镜头拍摄出的作品精度高。

6）其他配件

控制快门的遥控线常用于远距离控制拍照、曝光、连拍，可以防止接触相机表面而导致震动，从而避免破坏画面的完整性。遥控线应用广泛，几乎所有摄影爱好者都会用到。不论是传统还是数字摄影者，或多或少都会遇到因为按下快门按钮的瞬间力道过大导致相机震动、歪斜从而破坏画面的完整性、降低照片质量的情况。避免此种情况发生的好办法就是应用快门线，如图 1.11（a）所示。

遮光罩是安装在摄影镜头、数码相机及摄像机前端，遮挡有害光的装置，也是最常用的摄影附件之一。遮光罩有金属、硬塑、软胶等多种材质。大多数的镜头标配遮光罩，有些镜头则需要另外购买。不同镜头使用的遮光罩型号是不同的，并且不能互换使用。遮光罩对于可见光镜头来说是一个不可缺少的附件，如图 1.11（b）所示。

（a）

（b）

图 1.11　快门线与遮光罩

　　存储卡是拍摄 VR 全景图必备的配件，人们需要根据相机的型号选取高速存储卡。存储卡速度等级标准是最直观反映存储卡传输速率的渠道，通常会标明在存储卡上面，比如 Class、UHS 和 V 三种等级。Class 等级是最早的通用标准，随着 UHS-I 接口的发展，又衍生出了 U1/U3 标识。我们在存储卡表面还会看到 A1/A2 标识，它们代表了内存卡传输速率，是 2016 年 SD 卡协会公布的新标准。值得一提的是，并不是所有的存储卡都符合 A1 标识，它们需要符合 1500 次随机读取 IOPS，500 次随机写入 IOPS 及 10MB/s 的顺序写入性能。存储卡如图 1.12 所示。

图 1.12　存储卡

　　7）无人机航拍设备

　　航拍时通常使用无人机进行拍摄，无人机通常附带着由无线电操控的云台和平面相机，目前市面上最常见的 VR 全景航拍设备是大疆无人机。

目前消费级大疆御 Mavic 系列的较新版本的便携式无人机为 Mavic 3 无人机，如图 1.13 所示。

图 1.13　Mavic 3 无人机

Mavic 3 无人机支持一键拍摄 VR 全景图，可以轻松地拍摄出优质的 VR 全景图。机身小巧是其非常大的优势，质量约 900 克，每次飞行结束后，只需要将无人机机臂折叠起来就可以随身携带。最大起飞海拔高度达 6000 米，最长飞行时间（无风环境）可达 46 分钟，最长悬停时间（无风环境）可达 40 分钟，最大续航里程达 30 千米。带有高性能的哈苏相机，配备 24mm f/2.8～f/11 镜头和 4/3 CMOS 传感器。它可以使用传感器的整个宽度及 50 fps 的速度拍摄 5.1K 的视频，或以 60 fps 的速度拍摄 4K 的视频，从而生成清晰的超采样视频。如果不介意裁剪约 50%，也可以以 120 fps 的速度拍摄 4K 的视频。

更大的传感器可以实现更好的低光性能、更多的细节、改进的动态范围和更电影般的外观。同时，f/2.8～f/11 可变光圈使相机在不同光照条件下更加灵活。但是，如果我们经常在非常明亮的阳光下拍摄，建议购买中性密度滤镜套件。

Maric 3 无人机既可以用于商业用途，又可以用于记录摄影爱好者的日常生活。

全景摄影设备性能的优劣决定拍摄出的全景图和全景视频的质量的好坏，同时也决定后期制作的三维全景图和全景视频的质量的好坏，三维全景缝合软件的智能化高低也决定了产出的三维全景图和全景视频的优劣。

单体机和多机组合机是常用的两种全景摄影设备。

任务三　摄影基础

➡ 任务描述

如果你有摄影设备，很想拍出合格的摄影作品，却往往事与愿违、不得其法，很是苦恼，那么本任务将引导你掌握一定的摄影基础，使你的摄影有的放矢、水到渠成。

➡ 任务分析

要拍摄出符合要求或让人满意的作品，只有好的摄影设备是不够的，还需要具有一定的摄影技术和技巧，并进行持续不断的练习，慢慢积累经验，只有这样才有可能拍出理想的作品。

➡ 知识准备

摄影摄像技术是三维全景技术的基础，拍摄者需要掌握多角度的拍摄过程，掌握相机的性能与操作技巧，掌握天气、时间、光影变化等基本技能。

1.3.1　摄影三大要素

1．光圈

1）什么是光圈

光圈是位于镜头内部的小叶片相互重叠构成的光孔，调整其开闭程度可以调整图像感应器的受光量，是一个用来控制光线透过镜头进入机身内感光面的光量的装置。

光圈开得越大，通过的光量越大；光圈缩得越小，通过的光量越小。

为了方便，人们将镜头相对通过光孔径的倒数 f/D 称为光圈值，也叫 F 值，一般使用字母+数字的形式表示光圈大小，比如 f/2、f/4、f/8、f/16……字母后面的数字越小表示光圈越大，字母后面的数字越大表示光圈越小。

如图 1.14 所示，光圈越大，镜头开的孔越大；光圈越小，镜头开的孔也越小，调到 f/22 的时候镜头就剩一个圆点了。

图 1.14　不同光圈值对比

2）光圈的影响

光圈对画面有两个主要影响：一是进光量，二是画面景深。

（1）进光量

通过调整光圈的开闭程度，可以调整图像感应器的受光量。

光圈越大，进光量越多，照片就会越亮；光圈越小，进光量越少，照片就会越暗。

如图 1.15 所示，光圈越小，画面就会变得越暗，所以我们是可以通过光圈来控制画面曝光的。

光圈与进光量之间的关系如图 1.16 所示。

图 1.15　光圈对画面明暗的影响

F11　　　　　　　　　　　　　　　　　　F16

图 1.15　光圈对画面明暗的影响（续）

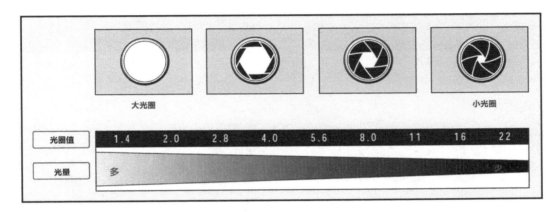

图 1.16　光圈与进光量之间的关系

（2）画面景深

所谓景深就是照片背景的虚化程度，是指相机在拍摄取景时，取得清晰图像的焦点物体前后的距离范围，在这段范围内的被摄物都可以清晰地呈现出来。

光圈越大，景深越浅，背景越模糊；光圈越小，景深越深，背景越清晰。

如图 1.17 所示，光圈越小，画面背景越清晰，到了 f/16（F16）的时候整个画面已经非常清晰了。

光圈与画面景深的关系为：光圈大（景深浅，画面背景模糊），光圈小（景深深，画面背景清晰）。

3）光圈的作用

光圈有如下三个作用。

（1）控制进光量，这直接影响图片是否能正确曝光，是拍摄成功与否的关键。

（2）控制景深，光圈越小，景深越深。虽然焦距和被摄物远近都会影响景深，但是焦距和被摄物远近的改变同时也会影响构图，如果构图确定，我们就只能通过光圈控制景深了。

（3）光圈影响图片的清晰度，任何一个镜头都是在中等光圈的时候成像最好（图片最清晰），在最大光圈和最小光圈的时候解像度差。

F1.4

F5.6

F11

F16

图 1.17　光圈对景深的影响

摄影最重要的一个概念是光圈优先。

光圈优先就是手动定义光圈的大小，相机会根据该光圈值确定能够正确曝光的快门速度。

需要指出的是，使用大口径光圈拍摄容易产生紫边，它通常出现在大光比环境下深色物体的边缘，比如以明亮天空为背景的屋檐、树叶边缘、窗户边缘等。缩小光圈后能明显改善紫边现象。如果在前期拍摄时无法避免紫边，可以在后期通过软件来调整。

一般在拍摄 VR 全景图时，可以选择光圈值为 F8 的光圈，在远景距离不足时，如室内拍摄，可以选择大一点的光圈，如光圈值为 F7、F5.6 的光圈等，尽量不要使用最大光圈，除非特殊情况。在室外，如果光线好，使用全画幅数码相机时可以选择更小的光圈，如光圈值为 F9、F11 的光圈，光圈值最好不要小于 F13。

2. 快门

1）什么是快门

快门就是相机用来控制光线照射感光元件时间的装置，简单来说就是决定光线进入相机与否和进入多久的装置。

快门的单位是秒，一般使用 1/2、1/4、1/8……的形式来表示快门速度，如图 1.18 所示。

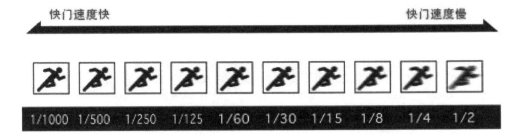

图 1.18　快门速度示意图

快门的数字越大表示快门速度越慢，数字越小表示快门速度越快。

快门和光圈的区别如下：

快门是决定光线进入相机时长的装置，决定的是光线进入时间；

光圈是决定光线进入相机量的多少的装置，决定的是进光量多少。

2）快门的作用

快门有两个主要作用：一是影响曝光，二是影响被摄物体形态。

（1）影响曝光

快门是决定光线进入相机时长的装置，快门速度越慢，光线进入相机的时长越长，进光量越多，照片越亮；快门速度越快，光线进入相机的时长越短，进光量越少，照片越暗。

如图 1.19 所示，随着快门速度越来越快，光线进入相机的时长越来越短，所以照片变得越来越暗。

（2）影响被摄物体形态

在拍摄运动物体时，快门速度的快慢会影响被摄物体的形态。高速快门能将运动物体拍清晰，也就是将运动物体定格下来；慢速快门则能拍出运动物体的运动轨迹，如图 1.20 所示。

快门速度快的时候，高速运动的瞬间被凝结了；快门速度慢的时候，运动的过程则被凝结下来。

快门速度 1/50

快门速度 1/100

快门速度 1/200

快门速度 1/500

图 1.19 快门速度对曝光的影响

图 1.20 快门速度对被摄物体形态的影响

想手持拍摄一张不手震的照片，最简单的方法便是快门速度要够快，但是快门速度太快就可能发生曝光不足的情况。所以经过不断的拍摄，摄影师得出一个"最慢而又不手震的快门值"理论，那便是大家所熟知的"安全快门"。传统上，简单而笼统的安全快门定义是：快门值不慢于 1/镜头焦距。假如你使用的是 50mm 的镜头焦距，快门值设为 1/50 便可以拍到一张不手震的照片了。

手持摄影的基本规则为：快门速度使用镜头焦距的倒数。

一般情况下，拍摄行走或快速移动的物体时，快门值设为 1/250 左右；拍摄更快的自由落体或飞驰的物体时，快门值设为 1/400 左右；拍摄快速飞行的物体时，快门值设

为 1/800 以上。（仅为建议值）

在拍摄 VR 全景图时，如果被摄物体是静止的，考虑到专业的 VR 全景摄影需要使用三脚架和全景云台，此时，可以靠降低快门速度来保证画面清晰。将感光度固定为低感光度，光圈值固定为 F11，快门值根据测光标尺确定的数值确定，进行拍摄。如果快门速度过慢，建议使用快门线或无线遥控器控制相机，或者设置为 10 秒定时拍摄，防止因为手抖而导致画面模糊。

3. 感光度

1）什么是感光度

感光度，又称 ISO，相机界面显示为"ISO 感度"，指的是数码相机感光元件对光线的敏感程度，感光度越高，感光元件对光线的敏感度越高；感光度越低，感光元件对光线的敏感度越低。

感光度直接使用数字表示（如 100、200、400、800……）。数字越小感光度越低，数字越大感光度越高。

相机的感光度设置如图 1.21 所示。

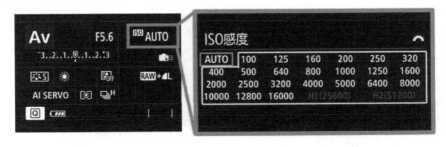

图 1.21　相机的感光度设置

2）感光度的影响

感光度对照片有两个主要影响：一是影响照片曝光，二是影响照片画质。

（1）影响照片曝光

感光度是指相机感光元件对光线的敏感程度，感光度越高，照片越亮；感光度越低，照片越暗。

如图 1.22 所示，随着感光度越来越高，照片变得越来越亮。

（2）影响照片画质

感光度越高，信噪比越低，画质就越差。

如图 1.23 所示，随着感光度越来越高，照片上逐渐出现了噪点，画质也变得越来越差。到 ISO 25600 的时候照片基本不能看了，照片上满是噪点。

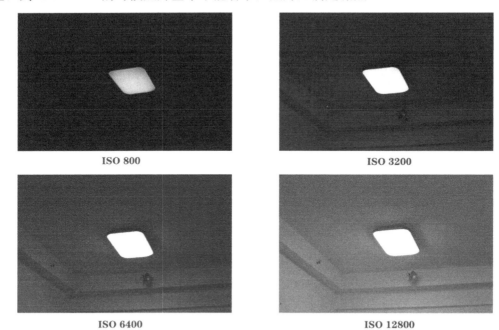

图 1.22　感光度对画面明暗的影响

图 1.23　感光度对画质的影响

ISO 50 以下为低感光度，可以拍出极为平滑、细腻的照片。如果想把照片拍清楚，只要条件许可，就尽量使用低感光度。比如，只要能够保证景深，宁可开大一级的光圈，也不要将感光度提高一级。

ISO 100～ISO 200 属于中感光度，在这一段，拍摄者需要认真考虑所拍照片的用途，以及照片需要放大到什么程度。假如拍摄者能够接受一定程度的噪点，则可以设置中感光度。中感光度的设定降低了手持相机拍摄的难度，提高了拍摄者在低照度条件下拍摄的安全系数，使拍摄成功率提高。

ISO 400 以上是高感光度，这一段噪点明显，使用这样的设置，拍摄的题材内容的重要性往往超过了影像的质量，毕竟有的时候拍摄的条件太差，拍到一张质量稍差的照片，总比根本捕捉不到影像好。　数码相机的感光度是一种类似于胶卷感光度的指标，实际上，数码相机的感光度是通过调整感光元件的灵敏度或者合并感光点来实现的，也就是说是通过提升感光元件的光线敏感度或者合并几个相邻的感光点来达到提升感光度的目的。

感光度对摄影的影响表现在两个方面：其一是速度，更高的感光度支持更快的快门速度；其二是画质，更低的感光度能够带来更细腻的成像质量，而高感光度的画质的噪点比较多。

3）感光度的应用

感光度越高，则可在相同光源环境下获得更快的快门速度，能够有效避免手抖拍虚图的情况发生。

低感光度可为影像拍摄带来三大好处，分别是高画质、低噪点、慢速快门。低感光度可以使快门速度降低，拍出另一番风味的影像。比如，拍摄山中川流的细水、瀑布，可能需要使用低于 1/2 的快门来抓取动感的水流；若在晴朗的户外，也可以将光圈开大（F2.8），降低感光度来确保快门速度在机身极限范围内（取值 1/4000 或 1/8000），以减少过曝的机会，取得较为柔散迷人的景深效果。

在拍摄夜景时，则主要生成需要凝结瞬间的情境，需要使用高感光度和大光圈的方式冻结眼前的美景，比如高山、星空、银河、夜间民俗庆典、城市夜景等，都是适用高感光度的场景。

建议值如下：晴朗的室外适用 ISO 100；阴郁的天气适用 ISO 200；室内适用 ISO 400 或更高的感光度。（感光度越高，CMOS 对光越敏感，满足曝光所需要的进光量便越少。）

一般情况下，拍摄 VR 全景图时，建议在室外或光线充足的情况下尽量使用低感光度，可以将 ISO 值控制在 100～200，这样可以保证更好的画质并提升细节表现力。在室内，可以相应提高 ISO 值，如将其控制在 200～400。

4．光圈、快门、感光度之间的联系

1）关系梳理图分析

光圈、快门、感光度被称为曝光三要素，拍摄者需要通过这三个要素来控制照片是亮还是暗。只有先懂得如何控制照片的明暗，才能去学习拍摄各种效果，现在我们来学习这三个要素是如何相互影响的。

曝光三要素关系梳理图如图 1.24 所示。

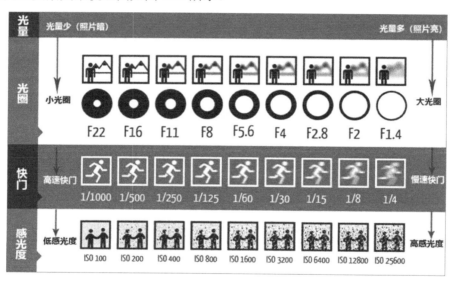

图 1.24　曝光三要素关系梳理图

（1）光量

第一行为光量：左边为光量少（照片暗），对应下来分别是小光圈、高速快门、低感光度。右边为光量多（照片亮），对应下来分别是大光圈、慢速快门、高感光度。

涉及规律如下。

① 光圈越大，进光量越多，照片就会越亮；光圈越小，进光量越少，照片就会越暗。

② 快门速度越慢，光线进入相机的时间越长，进光量越多，照片就会越亮；快门速度越快，光线进入相机的时间越短，进光量越少，照片就会越暗。

③ 感光度越高，相机感光元件对光线的敏感程度越高，照片就会越亮；感光度越低，

相机感光元件对光线的敏感程度越低，照片就会越暗。

（2）光圈

第二行为光圈：左边为小光圈，对应着背景清晰的照片；右边为大光圈，对应着背景模糊的照片。

涉及规律为：光圈越大，景深越浅，背景越模糊；光圈小，景深越深，背景越清晰。

（3）快门

第三行为快门：左边为高速快门，对应着清晰的人；右边为慢速快门，对应着模糊的人。

涉及规律为：高速快门能将运动物体拍清晰，也就是将运动物体定格下来；慢速快门则能拍出运动物体的运动轨迹。

（4）感光度

第四行为感光度：左边为低感光度，对应着清晰的人；右边为高感光度，对应着满是噪点的人。

涉及规律为：感光度越低，噪点越少，画质越好；感光度越高，噪点越多，画质越差。

2）快门和光圈的层级变化及倒易率

（1）层级变化

T（快门速度 s）：1/2、1/4、1/8、1/15、1/30、1/60……

1/4 的快门速度相比于 1/2 的快门速度，进光量减少一半。1/8 的快门速度相比于 1/4 的快门速度，进光量又减少一半。

F（光圈）：1、1.4、2、2.8、4、5.6、8、11、16、22……

1.4 的光圈相比于 1 的光圈，进光量减少一半。依此类推。

（2）倒易率

从曝光公式可以看出，光照度（光圈）和时间（快门）的量值可以互相置换，只要曝光量相同，感光元件上得到的曝光效果应该是一致的。曝光公式如下：

$$曝光量（E）=光照度（I）×时间（T）$$

光圈大一挡的曝光效果等于快门慢一挡的曝光效果。同理，光圈小一挡的曝光效果等于快门快一挡的曝光效果。

3）光圈、快门、感光度的实操应用

如图 1.25 所示，照片参数为"光圈:f/2.8、快门速度:1/125、ISO:200"，拍出来的整体效果还不错，但是想让照片更加亮一些怎么办？

图 1.25　效果图（光圈:f/2.8、快门速度:1/125、ISO:200）

参照前文所说的规律：

光圈越大、进光量越多；

快门越慢、进光量越多；

感光度越高、进光量越多。

也就是说通过调整这 3 个参数都可以使照片变亮，我们要懂得分析并采取合适的操作组合，实现准确的曝光。

具体分析如下。

（1）将光圈开到最大，所以光圈不能动了。

（2）可以调慢快门速度来增加进光量，但是此时调快门并不是最好的选择，因为有些时候可能导致相机抖动，拍出来的照片是模糊的。

（3）提高感光度是最直接有效的办法，直接将 ISO 值调至 400，画面就变亮了。但是感光度提高后噪点也会增加，画质会降低。不过现在的相机的高感能力很好，即使将 ISO 值调到 800 也没什么影响。

因此，直接将 ISO 值从 200 调到 400，照片就变亮了，如图 1.26 所示。

这只是一个案例，大家要学会举一反三，很多时候我们可以加大光圈来增加进光量，也可以调慢快门速度来增加进光量，也可以通过反向操作来减少进光量。

图 1.26　效果图（光圈:f/2.8、快门速度:1/125、ISO:400）

以拍摄夜景为例，如图 1.27 所示。

图 1.27　拍摄夜景效果图

（1）因为需要整个画面都是清晰的，所以会使用小光圈拍摄（小光圈进光量少，景深足够深）。

（2）夜间的画质本来就不怎么好，所以需要使用尽可能低的感光度来拍摄（低感光度进光量少，噪点少）。

（3）小光圈、低感光度，再加上是夜景，进光量已经非常少了，那么此时只能使用慢速快门来拍摄，也就是进行长曝光，才能有足够的进光量，照片曝光也才能正常。

以拍摄运动题材为例，如图 1.28 所示。

图 1.28　拍摄运动题材效果图

（1）想要把快速运动的物体拍清晰，定格下来，就要使用高速快门（高速快门进光量少）。

（2）这种运动题材的照片，整个背景都是清晰的话会不太好看，所以要使用大光圈将其背景虚化（大光圈进光量多，景深浅）。

（3）即使将光圈开到最大，拍出来的照片还是会有些暗，因为使用的是高速快门，这时候我们只能去提高感光度来保证进光量，即使牺牲一点画质也可以。

以拍摄慢速快门题材为例，如图 1.29 所示为正常拍摄效果。

图 1.29　拍摄慢速快门题材正常拍摄效果

想要在图 1.29 的场景中拍摄出光轨效果，就要将运动物体的轨迹拍出来，如图 1.30 所示。

图 1.30　慢速快门拍摄出的光轨效果

（1）首先使用慢速快门（慢门）。

（2）整个画面需要保证清晰，所以需要使用中小光圈。

（3）因为使用了慢速快门进行拍摄，即使光圈小，进光量也是足够的，所以可以将感光度调得很低，以此来保证画质。

1.3.2　相机四大模式

1）P（Program）——程序自动

此模式下，相机自动设定快门速度和光圈以获得最佳曝光。（与 AUTO 模式的区别是 P 模式仍然可以设置曝光补偿、感光度、测光模式、白平衡等。）

2）S（Shutter）——快门优先

此模式下，用户设定快门速度，相机设定光圈。主要应用场景是那些对快门速度比较敏感的场景，用于锁定动作（快速的运动）或者模糊动作（长时间曝光）。

3）A（Aperture）——光圈优先

Aperture 是摄影最重要的一个概念，用户设定光圈，相机设定快门速度以达到最佳效果。再通过曝光补偿来调节画面的明暗。（一般摄影师常驻该挡位。）

4）M（Manual）——手动

此模式下，相机的快门、光圈、感光度全部由人工设置完成。主要应用在一些对曝光要求很严格的场景。

在 M 挡时，一般情况下，测光标尺处于正值区域时（曝光过度），要将快门速度和/或光圈的数值提高（即使快门速度更慢，光圈更小）；测光标尺处于负值区域时（曝光不足），要将快门速度和/或光圈的数值降低（即平衡到中点区域，获得最佳曝光。）

1.3.3　曝光与曝光补偿

1. 曝光

AE——自动曝光；AF——自动对焦

曝光（Exposure）是指被摄物体发出或反射的光线，通过照相机镜头投射到感光元件（MOS）上，使之发生化学或物理变化，产生显影的过程。

曝光就是光圈和快门的组合。

德国人提出了一套用来表示相机曝光量的体系，后被称为曝光值（Exposure Value，EV）。其数学公式为：

$$EV = \log_2 \frac{N^2}{t}$$

其中，N 指的是镜头的光圈，t 表示曝光时间（快门）（单位为秒）。

光圈和快门对应的曝光值如表 1.1 所示。如果曝光值已经确定了，就可以选择对应的光圈与快门的参数组合。在 ISO 值固定的情况下，EV=快门对应 EV+光圈对应 EV。

表 1.1　光圈和快门对应的曝光值

对应的曝光值	0	1	2	3	4	5	6	7	8	9	10
光圈	F1	F1.4	F2	F2.8	F4	F5.6	F8	F11	F16	F22	F32
快门（秒）	1	1/2	1/4	1/8	1/15	1/30	1/60	1/125	1/250	1/500	1/1000

光圈的大小其实就是那个镜头小圆孔开的大小，快门（速度）则是指镜头能够打开多久。假设镜头只打开 1/4、曝光时间为 4 秒钟便可以正确曝光的话，很显然，镜头打开一半，曝光时间为 2 秒钟也能够实现正确曝光，因为 1/4×4=1/2×2=1，进光量一样多。同样地，如果镜头全开，曝光时间就只需要 1 秒了。

因此，一张正确曝光的图片可以有很多种不同的光圈和快门组合。

有 3 个因素能够影响一张图片是否正确曝光：光圈、快门、ISO。

其中光圈和快门联合决定进光量，ISO 决定 CCD/CMOS 的感光程度。如果进光量不够，我们可以开大光圈或者降低快门速度，如果进光量还是不够，就提高 ISO。大光圈的缺点是解像度不如中等光圈，快门速度降低则图片可能会模糊，提高 ISO 后图片质量也会下降。没有完美的方案，如何取舍需要拍摄者灵活决定。

如果在曝光值的计算过程中融入 ISO，那么这三大参数之间也是一种此消彼长的关系，光圈、快门、ISO 对应的曝光值如表 1.2 所示。如果在特定的场景下固定了光圈大小和快门速度，就需要调整 ISO 来实现准确的曝光了。

表 1.2 光圈、快门和 ISO 对应的曝光值

对应的曝光值	0	1	2	3	4	5	6	7	8	9	10
光圈	F1	F1.4	F2	F2.8	F4	F5.6	F8	F11	F16	F22	F32
快门（秒）	1	1/2	1/4	1/8	1/15	1/30	1/60	1/125	1/250	1/500	1/1000
ISO	100	200	400	800	1600	3200	6400	12800	25600	51200	102400

2. 曝光补偿

正确曝光的本质是照片要能真实反映拍摄时的环境亮度。如果一张正午户外的照片被拍得昏暗如夜，那么这张照片就是曝光不足，反之则是曝光过度。曝光是否准确是根据日常生活经验判断的。

我们之所以能够看见东西，不外乎两种情况：一种情况是物体本身可以发光，比如太阳或灯泡；另一种情况是物体能够反射外来光线。反射的光线越多，物体就越亮，反之则越暗。假设两个极端，纯黑色物体不会反射光线，反射率为零，而纯白色物体的反射率是 100%。在这两个极端颜色之间取中间值就是不黑也不白的灰色，称为柯达灰，也称为 18%灰、中间灰。

在 P、S、A、M、SCENE 和夜视模式下，曝光补偿用于改变相机默认的曝光值，从而使照片更亮或更暗。一般情况下，正值使被拍摄对象更亮，负值则使被拍摄对象更暗。

曝光补偿的原则为：白加黑减。

如果取景框中有大片白色物体或者有灯等特别明亮的物体，就需要相应地增加曝光量（开大光圈和/或降低快门速度）；如果取景框中有大片黑色物体，则需要减少曝光量。一般来说，在光照比较平均的情况下，相机的自动测光和曝光比较准确，但是在明暗反

差很大时相机的自动曝光往往不准，需要手动曝光补偿。

1.3.4　测光与测光模式

测光和曝光是一对双胞胎，如果不能准确测定光照强度，正确曝光就无从做起。

测光是指测量光线的强弱。相机的测光系统一般是测定被摄物反射回来的光的亮度，也称为反射式测光。相机对光照强度进行测量，然后根据测量数据拍摄出亮度适宜的照片。测光模式的选择决定了相机建议的曝光参数，我们需要选择一种合适的测光模式进行拍摄。

测光模式主要有以下 3 种。

（1）点测光。点测光只测量取景框内一个小点的光照强度（小点大约为取景框面积的 1%到 10%，视不同机型而定）。

（2）中央重点测光。该模式是简化的区域（平均）测光，只将取景框分为中央圆圈和四周两块，分别测光，然后加权平均（中央圆圈的权重为 70%左右）。

（3）区域（平均）测光。该模式将取景框分为了 5 到 63 块（视不同机型而定），分别对每块进行测光然后加权平均得到光照强度。

大多数情况下使用区域（平均）测光模式即可。在光线明暗反差很大时应该采用点测光模式，也可以使用区域（平均）测光模式或中央重点测光模式，我们可以根据自身的艺术创意进行曝光补偿。如果是全自动模式拍摄，相机会根据现场的测光结果自动调整光圈和快门的参数组合；在选择手动模式拍摄时，不同的测光模式会影响手动测光尺的光标的数值提示，从而影响我们对曝光的判断。

1.3.5　光学变焦

光学变焦是指通过镜片移动来放大与缩小需要拍摄的景物，光学变焦倍数越大，能拍摄的景物就越远。

$$光学变焦倍数＝最大焦距值÷最小焦距值$$

一个 28～280mm 规格的变焦镜头的光学变焦倍数就是 280mm÷28mm，即 10 倍。光学变焦倍数越大，里面的镜片就越多，镜头体积则相应较大，画质相对较低，光圈相对较小。

一个镜头是不是标准镜头（标头）不是要看它的焦距而是要看它的视角，视角 45°的镜头就是标准镜头（人的单眼的视角就是 45°）。

1.3.6　存储格式

JPEG 是目前网络和计算机上最常用的图像文件格式，它可以使用很小的空间存储高质量的图像，同时这种图像文件格式具有超强的兼容性，几乎所有的软件都可以识别它。

RAW 的英文意思是"原始"，所以 RAW 文件又被称为数码底片。RAW 文件是一种无损压缩图片，后期在电脑上可以准确还原，没有细节丢失。后期可以在电脑上给 RAW 文件任意配置色温（彻底解决白平衡问题），调整图片的颜色、锐度、对比度，进行曝光补偿等。可以这么说，在后期，可以在计算机上调整 RAW 文件几乎所有的参数。计算机的配置要比相机内的小电脑强大得多，我们后期手动精心处理 RAW 文件后转换成的 JPEG 图片会非常漂亮。但是 RAW 文件最大的问题是和 TIFF 文件一样，太大了。

现在的单反数码相机一般都会提供两种图像存储格式——JPEG、RAW。可以明确 JPEG 图片是一种压缩格式的图片，体积小、画质优、兼容性强。RAW 文件是未经加工的数码底片，便于后期进行调节。所以，如果想在后期制作的时候有更高的可调节性，拍摄的时候最好使用 RAW 格式进行存储，如果所拍的照片不需要进行过多的后期修饰，需求是拍完即用，那么 JPEG 格式则是很好的选择。

1.3.7　白平衡与色温

白平衡是描述红、绿、蓝三基色混合生成后白色精确度的一项指标，描述光线的颜色倾向。简单地说，白平衡就是保持"白色"的平衡，以中间灰的"白色"为标准，通过它可以解决色彩还原和色调处理等一系列问题。

在日光灯的房间里拍摄的照片会显得发绿，在钨丝灯（白炽灯）的房间里拍摄的照片就会偏黄，而在日光阴影处拍摄的照片则会偏蓝，其根源就在于白平衡的设置上。

色温的单位是开尔文，单位是 K。和华氏温度、摄氏温度一样，开尔文也是一种温度计量单位。色彩和开尔文温度的关系起源于黑体辐射体（对它加热直到它发光），该物体在不同温度下呈现的色彩就是色温。该物体受热后开始发光时将变成暗红色，继续加热，它就会变成黄色，然后会变成白色，最后会变成蓝色。

所以，色温从低到高的变化规律为：红—橙—黄—白—蓝白。

相机常用的色温值如下：

（1）晴天日光：5400K；阴天：6000K；

（2）阴影：7000K；闪光灯 5600K；

（3）日落前：3800K；日落后：3200K；

（4）黎明前：8000K；晴朗草原：5800K；

（5）煤油灯：2200K；暖黄节能灯：2600K；

（6）冷白节能灯：4000K；白炽灯：2800K；

（7）阴天雪地：6000K；蓝天雪地：6800K；

（8）室内自然光条件下，上午十时：5000K；中午：5300K；下午三时：5100K。

以上色温值为约数。

在各种不同的光线状况下，目标物的色彩会产生变化。

在这一方面，白色物体的色彩变化得最为明显：

在钨丝灯（白炽灯）的房间里，白色物体看起来会带有橘黄色色调，在这样的光照条件下拍摄出来的照片就会偏黄。如果是在蔚蓝的天空下，白色物体看起来则会带有蓝色色调，在这样的光照条件下拍摄出来的照片会偏蓝。

为了尽可能减少外来光线对目标颜色造成的影响，以及在不同的色温条件下都能还原被摄物本来的色彩，就需要数码相机进行色彩校正，以实现正确的色彩平衡，这就称为白平衡调整。

对于人眼来说，除了特殊情况，在任何光源下人眼看到的白色物体都是呈现白色的，这是因为人的大脑可以检测并更正环境因素导致的色彩变化。

数码相机则是使用内部装置对色温进行调整，从而使白色区域呈现白色。这个调整是色彩矫正的基础。调整的结果是在照片中呈现与自然效果一致的色彩。数码相机内部的感光元件也可以检测光线的色温并在相机内部进行调节，其目的是正确重现被摄物的色彩，这就是相机的自动白平衡模式。

在普通拍摄时，自动白平衡模式基本可以很好地适用多数场景，但是在拍摄 VR 全景图时，如果选择自动白平衡模式，在旋转拍摄时就会导致每张图片的冷、暖色调都不同。这是因为，当数码相机在一种环境光下拍摄时，自动白平衡便预设了一个固定值。将数码相机快速移动到其他环境时，数码相机会根据移动后的物体显示的颜色频繁进行白平衡调整。

因此，在拍摄 VR 全景图时，我们必须自定义白平衡或预设一个固定白平衡。一定要选择一个固定的值，这样即使前期选择的值不合适，后期也比较好调整。如果选择了自动白平衡模式，则后期的工作量会增多且效果不理想。

数码相机拍摄的大多数照片，调整白平衡参数的开尔文值为 2500K～9900K。根据实物色温是偏暖还是偏冷来调整白平衡参数的开尔文值，偏暖就调低，反之则调高，保持"白色"的平衡即可。

1.3.8 焦距

光线经过镜片就会聚成一点（焦点），镜头的焦距就是从镜片（或镜片组）的中心到焦点的距离，单位是毫米（mm）。

标准镜头就是焦距等于感光元件（CCD 或者 CMOS）对角线长度的镜头。在实际应用中我们将焦距为 40～60mm 的镜头称为标头。

广角镜头（焦距小于 35mm 的镜头）能够让照相机"看得更宽阔"，因为它的视角宽。

长焦镜头（焦距大于 70mm 的镜头）能够让照相机"看得更远"，但是它的视角窄。长焦镜头也称远摄镜头或望远镜头。

从焦距的定义就可以推断出，广角镜头形体矮小，长焦镜头高大威猛。

焦距越长，镜头与被摄物距离越近，则景深越浅、背景越模糊。

当相机的焦距为 18～55mm，光圈为 f/3.5～f/5.6 时，焦距最小为 18mm，此时最大光圈为 f/3.5；焦距最大为 55mm，此时最大光圈为 f/5.6。

项目小结

本项目介绍了三维全景技术的基本概念、分类，对拍摄全景图和全景视频的常见全景摄影设备进行了介绍。详细讲解了摄影基础，包括摄影三大要素、相机四大模式等，并对相机各主要参数、性能和操作技巧进行了详尽的介绍，希望本项目能够为学生后续章节的学习打下良好的基础。

习题

一、填空题

1. 根据制作及表现形式，全景图可分为_____、_____、_____和_____。

2. 全景摄影设备主要有_____和_____两种。

3. 摄影三大要素为_____、_____和_____。

4. 光圈对画面有两个主要影响，分别是_____和_____。

5. 相机的四大模式为_____、_____、_____和_____。

6. 快门有两个主要作用，分别是_____和_____。

7. 感光度对照片有两个主要影响，分别是_____和_____。

二、简答题

1. 简述三维全景技术的概念。

2. 简述全景云台的工作原理。

3. 三脚架使用时的注意事项有哪些？

4. 标准镜头和鱼眼镜头的差异有哪些？

5. 简述光圈、快门、感光度三者之间的关系。

6. 光圈的作用是什么？

三、论述题

1. 白平衡与色温之间的关系。

2. 拍出好的照片，哪些相机参数设置是关键？

项目二

全景图拍摄

项目介绍

摄影技术对图片的影响是显而易见的，VR 全景摄影技术可以记录更大的场景画面，VR 全景摄影的大像素拍摄技术可以使画面拥有更高的清晰度，VR 全景摄影技术加上包围曝光合成技巧可以捕捉现实生活中的大部分光线，从而记录更丰富的色彩和光线，拍摄出更接近人眼所看到的实际场景的影像。

在现场环境复杂多变的情况下，为保障拍摄的效率，应尽量快速地记录水平视角的一组照片，再进行补天与补地的操作，以便尽可能地减少画面中人物走动带来的影响。

在光线变化复杂的情况下，优先记录光线变化快的角度，抓取最好的画面，其他角度再慢慢拍。

室内有 LED 屏幕时，使用包围曝光的方式进行记录。如果因屏幕下人员频繁移动等情况无法进行包围曝光，可以适当降低曝光参数，记录整组数据。在拍摄高光的画面时，调整相对屏幕的正确曝光的参数，单独记录高光画面的一组图片，通过后期处理替换相应的内容。

任务安排

任务一　全景图拍摄技术
任务二　室外全景图拍摄
任务三　室内自然光全景图拍摄

学习目标

知识目标：

◇ 熟悉三维全景图拍摄和制作技术；

◇ 熟悉常见室外全景图拍摄；

◇ 熟悉室内全景图拍摄。

能力目标：

◇ 会搭配常见相机和镜头及进行参数设置；

◇ 会使用单反数码相机等工具进行全景图拍摄。

任务一　全景图拍摄技术

➡ 任务描述

王山同学虽然拍摄过不少照片，但是对全景图的拍摄还不是很了解，他很想知道需要掌握哪些技术才能拍摄出合格的全景图。

➡ 任务分析

前期拍摄的照片是制作三维全景图的原始素材，是至关重要的，需要了解不同类型的全景图拍摄方法。

➡ 知识准备

是什么推动了 VR 全景摄影的发展？从"小孔成像"到第一台相机的诞生，从"达盖尔摄影法"再到"VR 全景摄影"，摄影技术突飞猛进，但是摄影师对相机的追求的变化并不大，主要围绕以下 3 个重要的方向展开。

（1）通过更大的画幅记录更大的场景画面，直至将所有可见画面记录下来。

（2）通过优质硬件获取更高清晰度和更大像素的画面。

（3）通过更好的感光材料使记录的图像拥有更大的光影动态范围。

2.1.1　全景图拍摄技术概述

在全景图的制作过程中，拍摄全景图是第一个也是较为重要的环节。前期拍摄的照片的质量直接影响全景图的效果，如果前期拍摄的照片的质量好，则后期的制作处理就很方便，反之后期的制作处理将变得非常麻烦，产生不必要的工作量。所以必须重视照片的拍摄过程和技巧。

1. 柱形全景图的拍摄

可采用普通数码相机结合三脚架来进行柱形全景图的拍摄，这样拍摄的照片能够重现原始场景。一般需要拍摄 10～15 张照片，拍摄步骤如下。

（1）将数码相机与三脚架位置固定，并拧紧螺栓。

（2）将数码相机的各项参数调整至标准状态（即不变焦），对准景物后，按下快门进行拍摄。

（3）拍摄完第一张照片后，保持三脚架位置不变，将数码相机旋转一个合适的角度，并保证新场景与前一个场景重叠 25% 左右，且不能改变焦点和光圈，按下快门，完成第二张照片的拍摄。

（4）以此类推，不断拍摄，直至旋转一周后，得到这个位置点上的所有照片。

2. 球形全景图的拍摄

可采用专用数码相机配鱼眼镜头的方式来进行球形全景图的拍摄，一般需要拍摄 2～6 张照片，且必须使用三脚架辅助拍摄，拍摄步骤如下。

（1）首先将全景云台安装在三脚架上，然后将数码相机和鱼眼镜头固定在一起，最后将数码相机固定在云台上。

（2）选择外接镜头。单反数码相机一般不需要调节，但是没有鱼眼模式的数码相机则需要在拍摄之前进行手动设置。

（3）设置曝光模式。拍摄鱼眼图像不能使用自动模式，可以使用程序自动、光圈优先、快门优先和手动 4 种模式。

（4）设置图像尺寸和图像质量。建议选择能达到的最高一挡的图像尺寸，选择"Fine"按钮代表的图像质量即可。

（5）调节白平衡。普通用户可以选择自动白平衡，高级用户可以根据需要对白平衡进行详细设置。

（6）调节光圈与快门。一般需要将光圈调小，快门时间不能太长，快门值要小于 1/4。

（7）拍摄一个场景的两幅或三幅鱼眼图像。首先拍摄第一张图像，注意取景构图，通常把最感兴趣或最重要的物体放在场景中央，半按快门进行对焦，再完全按下快门，完成拍摄。然后转到云台，拍摄第二幅或第三幅照片。

3. 对象全景图的拍摄

通常使用数码相机结合旋转平台来进行对象全景图的拍摄，拍摄步骤如下。

（1）将被拍摄对象置于旋转平台上，并确保旋转平台水平且被拍摄对象的中心与旋转平台的中心重合。

（2）将数码相机固定在三脚架上，使数码相机中心的高度与被拍摄对象中心的高度保持一致。

（3）在被拍摄对象后面设置背景幕布，一般要求被拍摄对象与背景幕布产生明显的颜色反差。

（4）设置灯光。保证灯光有足够的亮度和合适的角度，且不能干扰被拍摄对象本身的色彩，一般设置一个主光源并配备两个辅助光源。

2.1.2　全景图拍摄基本设置

拍摄时，每拍摄一张照片，将旋转平台旋转一个正确的角度（360°÷照片数量），以此类推，重复多次即可完成全部拍摄。也可以提前设置好旋转平台的旋转速度，自动完成全部照片的拍摄。

对于初学者来说，在拍摄 VR 全景图时，可以参考如下内容进行相机的参数设置：

（1）拍摄挡位：M 挡；

（2）图像格式：RAW+JPEG（L）；

（3）曝光模式：手动曝光；

（4）白平衡：调节适当的色温值，一般以晴朗无云的正午时段的非直射日光的色温值为准，该值为 5200K～5600K；

（5）感光度：ISO 值一般设为 100～200，如遇较暗场景可设为 400；

（6）光圈：为追求大景深，可适当减小光圈，常规光圈值设定为 F11 左右即可；

（7）快门速度：如果拍摄静态场景，可根据以上参数推算出相应的快门速度，准确曝光即可；如果有运动物体出现则要注意安全快门速度，鱼眼镜头的安全快门值通常为1/30；

（8）对焦模式：手动对焦时焦点一般设置在景深范围的前1/3处，也可以使用超焦距对焦，对焦后锁定焦点；

（9）相机画面比例：设置为3∶2。

任务二 室外全景图拍摄

➡ 任务描述

室外全景图的最大魅力是突出场景开阔的气势，被摄物（建筑物）具有多个成角透视关系，有很强的立体感。选择物体时远离拍摄中心点，避免产生有碰撞危险的感觉。拍摄静态的全景图时，尽量避免拍摄正在运动的物体或者行人。

➡ 任务分析

根据主题和目标，确定天气和时间是晴朗、多云、阴天、雨天还是夜晚等，不同的天气和时间会影响拍摄的质量。不断提高摄影技术水平是必要的，虽然室外全景图拍摄不讲究构图和艺术性，但是其对摄影技术水平的要求很高，在拍摄全景图前要加强常规摄影技术基础训练。

➡ 知识准备

自然界中的光影有季节性、气候性和时间性的特点。季节和时间不同，太阳光线的角度也会不同；一天中每个时间段的太阳的位置不同，光影也会不同。在室外拍摄时，尤其是在蓝调时刻进行拍摄，这时太阳发出的光在天空中反射，呈现出美妙的蓝色光线。蓝调时刻是太阳即将升起或者刚刚落到地平线以下的时段，这个时段会产生一种蓝色光线，清晨、傍晚各有一次蓝调时刻。整个蓝调时刻的蓝色光线也不是完全一样的，比如在傍晚，一开始天空会比较亮，在太阳持续降落的过程中，天空会越来越暗，这时蓝色光线由浅变深，直至消失。蓝调时刻往往很短暂，只有大约20分钟，所以极易错过。在傍晚的蓝调时刻拍摄城市景色，这时天色渐黑，城市和建筑物的氛围灯逐渐亮起，照射在建筑物上的蓝色光线还未完全消失，整个场景非常漂亮，画面感极强，颜色也极其丰富，非常值得记录。

2.2.1　静态全景图

选择拍摄设备：全画幅数码相机，带有刻度、水平仪、能 360°拍摄的云台或全景云台，三脚架，标准镜头（45～55mm），鱼眼镜头，快门线或遥控器，遮光罩等。

选择拍摄位置：体育场中心，人员少，场地宽阔，障碍物少。

选择拍摄天气与时间：晴朗天气，光照充足，上午 9：00～11：00。

使用相机从不同的方向和角度试拍多张照片，观察和调整相机的白平衡数值并记录下来，积累拍摄经验，如图 2.1 所示。

图 2.1　相机的白平衡

1. 静态全景图选景

根据目标和主题的需要进行静态全景图选景，不是所有场合都适合。拍摄场景全景的时候一般选择在制高点或者场景的中心设置机位，以获取更多的场景信息。应该说大部分全景图的拍摄都会选择大场景，视野开阔。另外，观众观看全景图的时候是会转动的，因此要避免旋转过程中给观众带来眩晕的感觉。选景时还要注意天气情况，尽量选择空气质量好、能见度高的天气。

2. 静态全景图相机定点

固定好云台和三脚架，架设相机，寻找节点，并使三脚架中心点垂直于地面，相机以节点为轴心转动，节点出现位移不利于后期精确合成。静态全景图相机定点如图 2.2 所示。

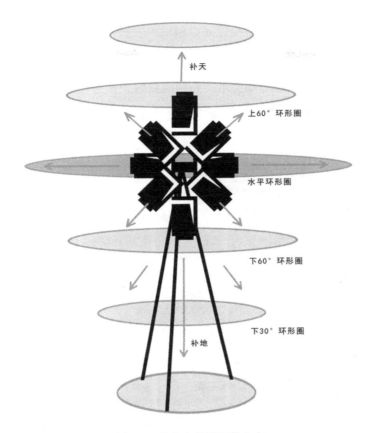

上60° 环形圈

水平环形圈

下60° 环形圈

下30° 环形圈

补天

补地

图 2.2　静态全景图相机定点

2.2.2　实景拍摄操作

（1）选景：活动操场（广场），天气晴朗、光照强，上午 9∶00，如图 2.3 所示。

图 2.3　活动操场（广场）

（2）在活动操场（广场）中心位置固定相机，三脚架中心点垂直于地面，确保机位稳固不能移动。要保证镜头在同一节点进行拍摄，这对全景图制作有重要影响，也只有在同一节点进行拍摄才能保证后期全景图的精确合成。

（3）调整相机的白平衡、曝光度、焦距等参数，掌握好时机与角度进行拍摄，尽量排除移动的物体，如行人、车辆等，如图 2.4 所示。

图 2.4　拍摄角度参考图

（4）相机鱼眼镜头水平方向，做 45°角环形拍摄，共计 8 张，标准镜头需要 30°角环形拍摄，共计 12 张，如图 2.5 所示。

（5）相机鱼眼镜头向上 60°，做 45°角环形拍摄，共计 8 张，标准镜头需要 30°角环形拍摄，共计 12 张，如图 2.6 所示。

（6）相机鱼眼镜头向下 60°，做 45°角环形拍摄，共计 8 张，标准镜头需要 30°角环形拍摄，共计 12 张，如图 2.7 所示。

（7）相机鱼眼镜头垂直向上（顶）补天拍摄，共计 2 张，标准镜头同样操作，共计 2 张，如图 2.8 所示。

（8）相机鱼眼镜头垂直向下（底）补地拍摄，共计 2 张，如图 2.9 所示；标准镜头同样操作，共计 2 张。目的是消除三脚架的图像部分。

图 2.5 水平方向，做 45°角环形拍摄

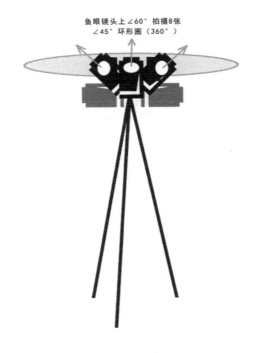

图 2.6 向上 60°，做 45°角环形拍摄

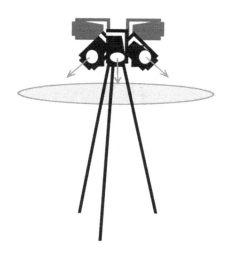

图 2.7 向下 60°，做 45°角环形拍摄

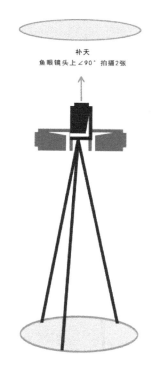

图 2.8 垂直向上（顶）补天拍摄

鱼眼镜头下∠90°拍摄2张

补地

图 2.9　垂直向下（底）补地拍摄

这套拍摄方法的优缺点如下。

（1）优点：全景图具有超视距的分辨率和超高清晰度，可以放大每个细节，应用范围广。

（2）缺点：拍摄速度慢、难度大，需要拍摄者具有丰富的摄影经验。

扫一扫

任务三　室内自然光全景图拍摄

➡ 任务描述

室内自然光全景图的拍摄要把握室内空间的大小、光线的明暗程度、室内物体的深浅，以及光源的种类（如白炽灯、LED、荧光灯等）。拍摄者可以从不同的方向拍照，观看图像的曝光度和清晰度是否良好，以确定相机的白平衡数值。

任务分析

拍摄室内自然光全景图时，曝光度和白平衡要以室内比较暗的光线的标准设置，可以忽略窗外曝光过度，要注意相机镜头避免面对窗户。

知识准备

基本操作可以参照室外全景图拍摄。

实景拍摄操作步骤如下。

（1）在室内选择好相机的固定位置，调整好相机拍摄的节点。尽量使用相机的延时功能，不能使用相机闪光灯。

（2）使用 8mm 鱼眼镜头水平方向，做 45°角环形拍摄，共计 8 张。

（3）使用 8mm 鱼眼镜头向上 60°，做 45°角环形拍摄，共计 8 张。

（4）使用 8mm 鱼眼镜头向下 60°，做 45°角环形拍摄，共计 8 张。

（5）使用 8mm 鱼眼镜头垂直向上（顶）补天拍摄，共计 2 张。

（6）使用 8mm 鱼眼镜头垂直向下（底）补地拍摄，共计 2 张，目的是消除三脚架的图像部分。拍摄的室内自然光全景图如图 2.10 所示。

图 2.10　室内自然光全景图

在室内拍摄时，通常会打开室内的灯，等到室外阳光不是很强烈时拍摄出光影的氛围。当然也有补光的情况，但是在拍摄 VR 全景图时进行人工补光的情况并不多。在拍摄时要对每个角度进行补光，使用相机顶部的闪光灯进行补光会使 VR 全景图内的光均来自 VR 全景图的画面中心点，导致画面不真实，因此不能使用相机闪光灯。

任何一次拍摄都离不开前期的准备、中期的拍摄和后期的处理。前期的准备工作和设置及拍摄过程中的检查都是不容忽视的，做好这些工作可以为拍摄者带来更稳妥、安心的拍摄体验。

在拍摄组照时，不论拍摄多少张照片，都是围绕一个中心点进行的，也就是要求机位固定不动。镜头上下左右旋转都要以镜头节点为中心，这样才可以确保在任何场景下拍摄出的照片都能够拼接成功，并且基本不需要通过 Photoshop 等第三方软件处理。这一点至关重要，否则需要补拍，甚至返工重拍。

拍摄 VR 全景图的过程中，相邻两张照片之间的重叠率不能小于 25%，但也不能太高，否则需要拍摄的照片的数量会大大增加，增加不必要的工作量。拍摄者应该在尽可能短的时间内完成整组照片的拍摄工作。

在选好机位、设置好相机参数后，拍摄前要做到对所要拍摄的区域心中有数。实际拍摄的区域一定要大于所需获得的画面区域，拍摄区域宁大勿小。区域拍大了，后期裁剪会很容易，但是区域一旦拍小了，就只能重新拍摄了。同时，对拍摄区域所需拍摄照片的张数也要心中有数，拍摄时按顺序依次进行，不要漏拍，这就要求准确记下每次云台旋转的度数或角度。

目前，越来越多的人选择无人机航拍，进行航拍时要注意以下几个方面。

（1）起飞前必须确认电池电量，起飞后时刻关注电量，电量较低时必须停止拍摄，避免发生因电量不足导致无人机坠毁或丢失的情况。

（2）启动无人机前要确保遥控器已经打开，关闭遥控器前要确保无人机已经关闭。切记不要在遥控器处于关闭状态时启动无人机，因为如果无人机识别到一些干扰信号，而遥控器又没有处于打开状态，无人机可能偏航并失去控制。

（3）航拍全景图之前，首先要确定起飞地点、天气、参数设置、飞行高度、分辨率等具体情况。

（4）拍摄时，通过观察监视器，保证相机拍摄到水平的照片。因为相机进行旋转时，无人机、云台会有一些波动。

（5）无人机航拍全景图经常存在一个问题，即难以突出主体。可以通过增强对比度、调整色温、进行色彩锐化等方式突出主体。无人机航拍全景图范围较广，全景图素材各个部分的光线经常会有很大的不同，同样地，各个部分的颜色的饱和度也会有所不同，如果统一提升饱和度会使得某些部分的色彩饱和度溢出。

VR 全景图虽然不需要使用四边构图，但是仍然属于摄影创作范畴，其点位布置、机位选择、时间选择、光线运用等维度仍需要巧妙的创意思维来支撑。

每张 VR 全景图的采集制作都应该有明确的主题，其主题主要通过点位布置和对光的使用方法来表现。对点位的布置和选择、光照的应用、周围环境的把握、场地的必要清理和调整、相关人员和运动物体的躲避指导等也是拍摄者必须认真做好的。如果在拍摄同一个场景的过程中变动了参数，会导致画面拼接部分明暗不一、清晰度不一、冷暖不一等问题，因此需要拍摄者熟练掌握摄影技术。

项目小结

本项目介绍了柱形全景图、球形全景图、对象全景图 3 种全景图的拍摄技术和步骤，对机位选点、相机参数设置等进行了讲解，并对典型的室外全景图拍摄、室内自然光全景图拍摄进行了实操应用，同时对目前流行的无人机航拍做了介绍。不管使用什么摄影设备进行拍摄，反复的训练和实际操作是必不可少的，只有不断地积累经验，才能获取令人满意的高质量的素材。

习题

一、简答题

1. 简述柱形全景图的拍摄步骤。

2. 简述球形全景图的拍摄步骤。

3. 简述对象全景图的拍摄步骤。

4. 简述静态全景图选景。

二、论述题

1. 请论述拍摄 VR 全景图的技术要领。

2. 无人机航拍的注意事项有哪些？

三、实操题

利用 Cannon 或其他品牌的单反数码相机，配备简易云台完成至少 3 个节点的全景素材拍摄。要求：根据当天的天气状况和环境情况，调节合理的相机参数，拍出高质量的全景图。

项目三

全景图合成

项目介绍

　　三维全景技术是一种运用数码相机对现有场景进行多角度环视拍摄后，利用计算机进行后期缝合，并加载播放程序完成三维全景图制作的一种三维虚拟展示技术。三维全景图也可以称为全景图、全景环视图，三维全景图由数码相机多角度拍摄数张照片，然后利用专业三维平台建立数字模型，最终使用全景合成软件制作完成。人们可以在计算机或移动设备上使用浏览器或播放软件观看三维全景图，并可以通过鼠标或触屏操作控制观察角度，可以任意调整方位，使人仿佛置身于真实环境之中，产生全新的体验。

　　全景图不是凭空生成的，要制作一个全景图，我们需要有原始的图像素材，原始图像素材的来源通常有两种：第一种是在现实的场景中全景拍摄得到的图片（照片）；第二种则是通过建模渲染得到的虚拟图像。本项目着重介绍第一种，即通过单反数码相机拍摄真实场景从而获取图像素材，然后通过专业的软件制成全景图。

任务安排

学习目标

知识目标：

◇ 熟悉全景图合成软件；

◇ 熟悉全景图缝合技术。

能力目标：

◇ 会操作 APG 软件；

◇ 会使用 Kolor Autopano Giga 等软件进行全景图缝合制作。

任务一　图片拼接原理

任务描述

如何将每张独立的图片拼接成一张大画幅的全景图？图片拼接原理是什么？

任务分析

图片拼接是计算机视觉中最成功的的应用领域之一，我们通常使用的软件或 App 其实都是通过算法实现图片拼接的。图片拼接的主要原理是计算出相邻两张图片的位置关系，将其融合成一张图片。

知识准备

图片拼接一般是通过对齐一系列空间重叠的图片，构成一个无缝的、高清晰的全景图，它具有比单个图片更高的分辨率和更大的视野。

目前，国内外研究人员提出了很多拼接算法，图片拼接的质量主要决定于图片的配置程度。主流的拼接算法有两种，它们是基于区域特征拼接算法和基于光流场特征拼接算法。

1. 基于区域特征拼接算法

基于区域特征拼接算法是最传统也是应用最普遍的算法之一。基于区域的配准方法是从待拼接图片的灰度值出发，对待拼接图片中一块区域或参考图片中的相同尺寸大小的区域使用最小二乘法或者其他数学方法计算出灰度值的差异，对此差异进行比较后，判断待拼接图片重叠区域的相似程度，由此得出待拼接图片重叠区域的范围和位置，从而实现图片拼接。也可以通过 FFT 变换将图片由时域变换到频域，然后进行配准。对位移量比较大的图片，可以先校正图片的旋转角度，然后建立两幅图片之间的映射关系。

当使用两块区域像素点灰度值的差别作为判别标准时，最简单的一种方法是直接把各像素点灰度值的差值累计起来。这种方法的效果不是很好，常常由于亮度、对比度的变化及其他原因拼接失败。另一种方法是计算两块区域的对应像素点灰度值的相关系数，相关系数越大，则两块区域的匹配程度越高。该方法的拼接效果比较好，成功率有所提高。

该拼接算法根据像素信息提取图片特征，然后以图片特征作为标准来搜索和匹配图片重叠部分的相应特征区域。这种拼接算法具有比较好的稳定性，分为两个操作步骤：先提取图片特征，再对图片特征进行匹配。

该拼接算法一般要求相邻的两张图片之间有 25%或以上的重叠。首先从两张图片中提取具有明显灰度值变化的点、线和区域，再将两张图片的图片特征集中，利用匹配算法尽可能将具有对应关系的图片特征位置对齐，最后将对齐的图片进行融合。

2. 基于光流场特征拼接算法

光流（Optical Flow）的概念是詹姆斯·J.吉布森（James J.Gibson）于 20 世纪 40 年代首次提出来的，它是空间中运动的物体在成像平面上的像素运动的瞬间速度。光流场算法是利用图像序列中像素在时间域上的变化及相邻帧之间的相关性来找到上一帧跟当前帧之间存在的对应关系，从而计算出相邻帧之间物体的运动信息的一种方法。但是基于光流场特征拼接算法需要在相邻两张图片通过相机镜头的位置关系基本对齐，并且图片信息已经分层的情况下才能实现，即原始的图片还是要通过基于区域特征拼接算法先建立匹配关系。

一般而言，光流场是由于场景中前景目标本身的运动、相机的移动，或者两者共同运动产生的。当人的眼睛观察运动的物体时，物体的景象在视网膜上形成一系列连续变化的图像，这一系列连续变化的图像不断"流过"视网膜，好像一种光的"流"，故称为"光流"。光流能表现图像的变化，由于它包含了目标的运动信息，因此可被观察者用来确定目标的运动情况。在目标运动的时候，相机记录并匹配每个像素点后，就可以通过局部移动像素点来插值形成中间视图。这样就可以"填补空白"，有助于减少拼接伪影，并生成具有清晰对象边界的深度图，从而在拼接时生成无错位的全景图。

VR 全景图是通过画面重叠识别进行拼接的，图片拼接通常以两张相邻图片的相关特征作为相互拼接的参考依据，所以拍摄 VR 全景图时至少需要相邻两张图片之间有25%的画面重叠。

任务二　全景图合成软件

➡ 任务描述

目前市场上有不少的全景图合成软件，如何选择一款高效、便捷的软件来完成全景图的缝合制作就显得尤为重要了。

➡ 任务分析

全景图合成软件首先要操作便捷、设置简单，同时功能又要足够强大。本项目选择了最具代表性的全景图合成软件 APG，通过该软件的学习，即使是初学者也能够轻松实现全景图的制作。

➡ 知识准备

本项目推荐使用全景图合成软件 Kolor Autopano Giga（APG）实现全景图缝合，APG软件如图 3.1 所示。

图 3.1　Kolor Autopano Giga（APG）软件

APG 是一款功能超强的全景图合成软件。它致力于创造全景图、虚拟旅游和千兆像素图片，主要用途是帮助用户在短时间内将多张图片缝合为一张 360°视角的全景图。

静态全景图合成阶段是后期制作过程之一，全景图是一个产品，它不需要艺术处理和艺术再创造，它的本质是再现真实环境。APG 软件是一款高度自动化的全景缝合软件，不像 Photoshop 软件那样需要人工拼接而容易产生误差，APG 软件只要求图片拍摄得足够清晰、角度正确，它就可以将图片自动拼接成完美的全景图。

APG 软件支持 400 多种输入格式，包含几乎所有相机都使用的 RAW 格式。APG 软件支持 7 种输出格式，从 8 位、16 位到 32 位生成 JPEG、PNG、TIFF、PSD/PSB 等格式，以创建完整的 HDR 全景图。最新版本的 Kolor Autopano Giga 与 Kolor Autopano Pro 支持自动曝光融合与 HDR 混合，与前几代产品相比已得到了明显修正。

APG 软件集成了 9 种投影模式，可以在实时和准确到像素的全景编辑器中编辑全景图。使用"预览"模式之前，甚至会得到一个即时的可视化全景。APG 软件增加了拼接全景图的 5 个最新贴图投影类型，有一些类型，如 Panini 和 Little Planet 可以让软件支持一些工具，如 PTGui。同时，在新版本中，工作流也能够得到彻底的检查。APG 软件的图像编辑器以"实时的，精确到像素级"的方式工作，新增的预览模式也可以在渲染之前就对全景图进行测试。

APG 软件中的渲染引擎可产生出色的效果。对于拼接全景图来说，就算在图像边界上也能保持很不错的清晰度。混合算法不会留下可见的加工痕迹，可以均匀地混合颜色与曝光。使用每张图片中的最佳像素渲染重叠区域，并免除色像差这样的混入镜头伪像。

任务三　全景图缝合技术

➡ 任务描述

前期通过拍摄获取全景图素材，利用 APG 软件制作出全景图。

➡ 任务分析

APG 软件是一款功能强大且操作简洁易用的全景图合成软件，其向导式的操作可以轻松引导人们顺利完成全景图制作。

➡ 知识准备

早在 1860 年，意大利籍战地摄影师菲利斯·比托（Felice Beato）将相机架在北京的南城墙上，将古老都城的风貌收入镜头之内，每拍完一张照片，他就会调整相机的镜头方向，就这样，他拍下多张照片，完全靠肉眼的观察和判断来保证影像的连续，最后呈现在人们面前的照片为 6 张照片组成的"全景接片"。这幅"全景接片"长 165cm，宽 20.3cm，如图 3.2 所示，是菲利斯·比托最著名的作品之一。

图 3.2　菲利斯·比托拍摄的老北京照片

随着胶片时代的到来，全景接片技术得到了极大的提升，全景接片的实现就相对容易了，产生了一个叫"剪辑师"的职业。此时的全景图的后期拼接方法如下：先将拍摄好的底片进行冲洗，然后通过相似对比进行后期加工，对照片进行重合拼接，再在剪辑台上观看效果，满意后再黏合，最后洗印照片。这种拼接方法只适用于被拼接的两张照片中需要拼接重叠的部分扭曲变形不严重的情况，如果重叠部分存在严重畸变的情况，这种方法则无能为力了。

数码摄影时代的到来则彻底打开了全景摄影的大门，人们可以通过软件轻松拼接出一张大画幅的全景图，同时，与早前的费时费力的拼接方法相比，现在的全景图缝合软件使数字影像的重塑编辑变得非常容易。

全景图的拼接算法均基于两张图片的相关性，将相关性作为拼接的参考元素才可能成功拼接，所以我们拍摄的相邻两张图片之间必须有足够的能够提供给计算机识别和计算位置关系的重叠画面，这是拼接全景图的必要条件。

一般来说，拍摄的相邻两张图片至少要求有 25% 的重叠才能支持有效拼接，在这 25% 的重叠中要确保有足够多的有特征的画面。如果相邻的重叠画面都为相同的纯色（如无云的天空、纯白色的墙壁等），就很难计算出相邻重叠画面的位置关系，导致无法成功拼接。我们可以通过制造或抓取一些同时出现在两个画面中的特征，或者记录更大面积的重叠画面来保证图片拼接的成功。

详细的全景图缝合制作步骤如下。

（1）打开 APG 软件，其界面如图 3.3 所示。

（2）导入文件。单击"文件"按钮，选择"选取图像"选项，弹出"选取照片"对话框，全选图片，单击"打开"按钮，在界面左侧显示所有图片，如图 3.4 所示。

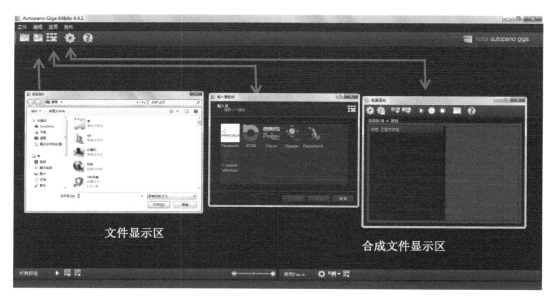

图 3.3   APG 软件界面

图 3.4   导入文件

文件是按照拍摄的顺序编号进行导入的，也可以在文件夹中做好排序后再进行导入。标准镜头顺序是水平方向由左向右 60° 旋转 360° 拍摄 6 张，向上（天空）60° 角旋转 360°

拍摄 6 张，向下（地面）60°角旋转 360°拍摄 6 张，向上（天空垂直）90°拍摄 1 张，向下（地面垂直）90°拍摄 2 张，导入的全景图在左侧窗口显示，如图 3.5 所示。

图 3.5　导入文件在左侧窗口显示

（3）单击"检测"按钮，工作区正在检测生成，生成过程在合成文件显示区内显示出来，也可以单击"停止"按钮中止检测，如图 3.6 所示。

图 3.6　检测生成

检测完成后，在右侧窗格将显示全景图合成进度，如图 3.7 所示。

图 3.7　全景图合成进度

（4）全景图合成进度结束后，自动缝合生成球形平展图，如图 3.8 所示。

图 3.8　生成球形平展图

（5）调整图片色光。单击右侧窗格左上角的"编辑"按钮，如图 3.9 所示，进入全景图编辑窗口，如图 3.10 所示，可以调整图片的色光。如果在拍摄的过程中使用的光圈，白平衡不一致，会显示出图片色光不一样，需要进行调整，使其完整统一。

图 3.9　编辑全景图

图 3.10　全景图编辑窗口

单击"Images mode"按钮可以查看全景图合成顺序，如图 3.11 所示。

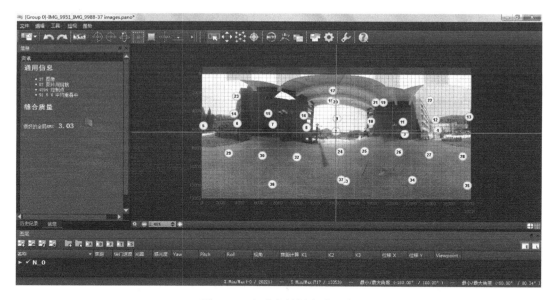

图 3.11　查看全景图合成顺序

（6）在图层中调整图片色光，使其统一成一个整体，如图 3.12 所示。

图 3.12　调整图层

（7）单击渲染按钮，弹出"渲染"对话框，如图 3.13 所示。在此对话框中，可以设置输出的全景图尺寸、插值方式、格式、路径等参数，如图 3.14 所示。

图 3.13　全景图渲染

图 3.14　渲染参数设置

（8）单击"渲染"按钮，完成全景图渲染，如图 3.15 所示。

图 3.15　批量渲染中

（9）渲染结束后产生的全景图，如图 3.16 所示。

图 3.16　合成后的全景图片

要确保制作的 VR 全景图具有较高的品质，要符合表 3.1 所示的各项参数指标。

表 3.1　高品质全景图的参数指标

参　　数		具　体　说　明
色彩规则	白平衡	无偏色现象，特指后期的白平衡处理
	曝光	准确的曝光，能很好地表现物体的细节和质感
	对比度	明暗反差合适，准确的对比度能使画面看起来更加立体和富有层次感
	清晰度	保证图片轮廓清晰和颗粒感适中，避免颗粒感过强或图片模糊
	饱和度	保证在制作过程中图片的饱和度适中，太高或太低均不合格
后期拼接细则	补地/脚架	无补地缺陷，即未出现脚架或脚架影子；不存在明显的反光投射（如镜子等）导致的脚架穿帮情况
	接缝	调色、HDR 处理、转换图片格式时，需要修补图片 180°（两端）处出现的接缝
	错位	图片放大到 100%时，每张图片≥2mm 的错位不能超过 1 个，每张图片<2mm 的错位不能超过 3 个

续表

参　　数		具 体 说 明
后期拼接细则	补天	制作过程中，天空可能出现明显的旋涡状形态，需要修补
	重影/残影	需要与原片对比，原片完好，成片出现重影则需要修改；如果原片就有重影，无法修改则需要标注
其他	三轴	2∶1成图在0°、180°、90°、−90°处垂直方向上不得出现倾斜，以全景方式看时图片不得有明显倾斜感
	隐私/保密	需要对敏感信息进行处理；图片内容中没有未通过本人授权的肖像信息、私人文字信息、私人车牌信息、私有企业或团体未授权公布的相关信息等；对国家法律、法规禁止公开的内容（如军事信息、雷达信息等）应保密
尺寸规格		画面比例为2∶1；格式为JPEG
图片尺寸		大于12000px×6000px
图片大小		50MB以内
图片分辨率		300ppi

项目小结

本项目介绍了图片拼接的原理，介绍了两种主流图片拼接算法；运用功能强大的主流全景缝合软件APG进行了实操应用，完成了全景图缝合制作工作，并给出了高品质全景图的参数指标。

习题

一、填空题

1．目前主流的图片拼接算法有＿＿＿＿＿＿＿＿＿＿和＿＿＿＿＿＿＿＿＿＿。

2．光流的概念是＿＿＿＿＿＿＿＿＿＿于20世纪40年代首次提出来的。

3．意大利籍战地摄影师＿＿＿＿＿＿＿＿＿＿于1860年制作了北京"全景接片"。

4．一般来说，拍摄的相邻两张图片至少要求有＿＿＿＿＿＿＿＿＿＿重叠才能支持有效拼接。

二、简答题

1．简述基于区域特征拼接算法。

2．简述基于光流场特征拼接算法。

3．简述图片拼接原理。

4．简述 APG 软件的全景图拼接方法。

三、论述题

1．高品质的全景图有哪些参数指标？

2．使用 APG 软件缝合全景图时，如何通过设置相关参数提高缝合质量？

四、实操题

利用 APG 软件，对拍摄的素材图片进行缝合工作。要求：合理设置参数，进行正确的编辑，拼接的全景图完整、无扭曲。

项目四

全景视频制作

项目介绍

相对于全景图，全景视频承载的信息量更大、内容更丰富，给人的代入感更真切，但是其容量也非常大，不易传输。随着 5G 技术的广泛应用，全景视频越来越多地得到人们的了解和欣赏。全景视频可以理解为是上下左右 360°任意角度拖动观看的动态视频，它是在三维全景技术之上发展延伸而来的。全景视频的每一帧画面都是一个 360°的全景，我们可以 360°任意角度拖动观看视频，产生一种身临其境的感觉，另外，佩戴 VR 眼镜观看全景视频会使我们有更强的沉浸感。

任务安排

任务一　认识全景视频

任务二　全景视频缝合技术

学习目标

知识目标：

◇ 熟悉全景视频概念；

◇ 熟悉全景视频缝合技术。

能力目标：

◇ 会操作 Autopano Video Pro 等软件；

◇ 会使用 Autopano Video Pro 等软件进行全景视频制作。

任务一　认识全景视频

➡ 任务描述

通过前面的学习，我们了解了全景图的拍摄及其缝合技术，本项目讲解能够承载更多内容的全景视频的获取和缝合技术。

➡ 任务分析

全景视频的获取和缝合与全景图是差不多的，不过全景视频更强调拍摄路线的设计，通过 GoPro 摄像相机组合机拍摄出全景视频。

➡ 知识准备

全景视频技术是一种很早就诞生的技术，但是在近些年才真正成熟起来。全景视频也可以理解为在一定空间范围内记录的一段时间的动态全景图。

传统视频是连续的图像，包含多幅图像及图像的运动信息。传统视频是人类肉眼的"视觉暂留"和"脑补"现象，即光信号消失后，"残像"还会在视网膜上存留一定时间，大脑通过"脑补"自行补足中间帧的画面，最终在大脑和视觉系统的混合作用下，人们以为每秒播放 24 帧的图像是连续的，这就是传统视频的基本原理。全景视频的原理是，通过相机连续记录空间内不同角度的视频，再将其拼接成一个完整的球形视频。

GoPro 摄像相机组合机拍摄全景视频

以 GoPro 摄像相机组合机为例。GoPro 摄像相机的创始人兼发明者是尼古拉斯·伍德曼（Nicholas Woodman）。GoPro 摄像相机是一款小型的、性能卓越的、集固定式、防水、防震、防抖功能于一体的相机，可以固定在人的头部、头盔、山地自行车、机动车等运动物体上，广泛运用于冲浪、滑雪、极限自行车、跳伞、蹦极、游乐场等极限运动的拍摄。与 VR 技术配合，GoPro 摄像相机还可以运用到各种游戏和运动体验项目之中，由于 GoPro 摄像相机十分小巧，组合起来的 GoPro 摄像相机组合机体积小、重量轻、质量高、清晰度高（达到 12k 影像），非常适合制作全景动态影像。GoPro 摄像相机组合机是按照全景图拍摄角度的标准进行组合的，按照事先设计好的运动路线一次性拍摄完成。虽然 GoPro 摄像相机操作起来比较简单，但是也需要拍摄者具备一定的摄像知识和操作经验，更重要的是拍摄者要明确拍摄主题与目标，设计好拍摄路线。

全景视频拍摄需要注意以下几个方面的内容：明确拍摄主题与目标并设计好拍摄路线；掌握 GoPro 摄像相机组合机的组合安装；调试 GoPro 摄像相机组合机的参数、角度、遥控操作；使用 GoPro 摄像相机组合机进行全景视频的拍摄训练；熟练掌握配件与 GoPro 摄像相机组合机相互配合的规律。

按照拍摄主题和目标选择 3～5 个不同的位置进行连续拍摄，尽量规避移动的人和物体。注意调整相机的角度，应避免光线直射相机镜头，在移动时也应尽量避免光线直射。曝光度和白平衡要以景物的深浅为标准，否则会导致景物呈像黑暗、结构不清晰。拍摄完成后要在操控台上观看效果的好与坏，及时调整或重新拍摄，并做好拍摄记录，积累经验。

按照拍摄主题和目标选择 3 个不同面积、不同光线的房间作为一组进行拍摄，节点高度一般以 1.75 米人体身高为标准。

设计拍摄路线，每组共计 3 个拍摄点，尽量规避移动的物体与行人。GoPro 摄像相机组合机固定在移动物体上或人的头盔上，从第一个拍摄点移动到第二个拍摄点、第三个拍摄点。携带移动存储设备，并按顺序编号储存。要匀速移动 GoPro 摄像相机组合机，避免速度过快，并做好拍摄记录。

使用 GoPro 摄像相机组合机拍摄时需要注意以下问题。

（1）保证足够的安全距离

由于物理空间的客观因素，我们很难让设备的每个镜头都围绕相同的节点进行拍摄，将不可避免地产生视差。在合理距离下，视差可以通过软件进行后期强行拼接，但是在镜头与场景之间距离比较近的情况下，再强大的后期拼接软件都可能"无能为力"，强行拼接可能使相邻两个镜头的画面拼接处产生明显的错位。所以对组合机的支架节点的控制就显得尤为重要，拍摄时也需要注意保持镜头的安全距离，也就是场景不要过于接近镜头，尤其不要过于接近两个镜头交错的边缘位置。组合机的安全距离通常为 50～200cm。

（2）各相机同步设置

不论使用几个 GoPro 摄像相机进行组合，每个镜头都是一个独立的相机，相机不同步开启录制会导致我们在后期缝合全景视频时需要为每个镜头进行同步对帧处理，因此确保每个相机同步开启录制就非常重要。

（3）各相机的参数设置必须相同

这与全景图的拍摄原理是一样的，由于组合机每个方位的相机是独立的，要确保每个相机拍摄出来的视频有相同的效果，就必须把每个镜头的参数（光圈值、快门值、感光度、色温值等）设置一致，否则在后期缝合全景视频时会出现画面明暗不一致或颜色不一致等问题。

（4）避免相机抖动

在拍摄视频的过程中难免会移动机位，如果需要移动机位，就需要特别重视相机的抖动问题，通常的做法是利用稳定云台来避免相机抖动。如果是所有相机整体抖动，则后期处理比较方便，但是如果每个相机在不同方位或不同频率抖动，则后期处理起来就非常困难了，因此，在拍摄过程中要尽量避免相机抖动。

任务二　全景视频缝合技术

任务描述

使用 GoPro 摄像相机组合机（GoPro 六目全景相机）同时拍摄 6 个不同方位的视频，使用哪种工具能够高效制作出一个全景视频？

任务分析

通过 Autopano Video Pro（AVP）软件实现全景视频的制作，其过程与使用 Kolor Autopano Giga（APG）软件制作全景图相似。

知识准备

本项目推荐使用全景视频拼接软件 Autopano Video Pro（AVP），如图 4.1 所示。

图 4.1　全景视频拼接软件 Autopano Video Pro（AVP）

Autopano Video Pro（AVP）是法国公司 Kolor 推出的全景视频拼接软件，公司旗下还有 Kolor Eyes 和 Kolor Autopano Giga 两款软件，分别用于全景视频的播放和细微调整。2015 年 4 月底，美国运动相机制造商 GoPro 宣布成功收购这家 VR 软件公司，两者合二为一后，全景视频软硬件的兼容性更高，性能得到了加强，创作者的创作效率变得更高。

以 GoPro 六目全景相机为例，它有 6 个摄像头，所以每拍摄 1 条全景视频就会产生 6 段素材，将这些素材导入 AVP 软件进行缝合编辑，从而形成一个完整的全景视频。

全景视频的制作流程如下。

（1）打开 AVP 软件，其界面如图 4.2 所示。

图 4.2　AVP 软件界面

（2）整理和导入视频文件。我们是以 GoPro 六目全景相机为例的，因此选择"导入所有 GoPro"选项，如图 4.3 所示，拍摄的视频文件都保存在一个文件夹中，按照拍摄位置顺序进行排序并重命名文件。

（3）全部选中重命名后的文件，单击"文件"按钮，选择"导入视频"选项，软件会提示必须选择两个以上视频进行缝合，因此视频一定要放在一个文件夹中，如图 4.4 所示。

图 4.3 选择"导入所有 GoPro"选项

图 4.4 打开视频文件

（4）在 AVP 软件中可实现视频的快速导入，导入视频后的界面如图 4.5 所示。

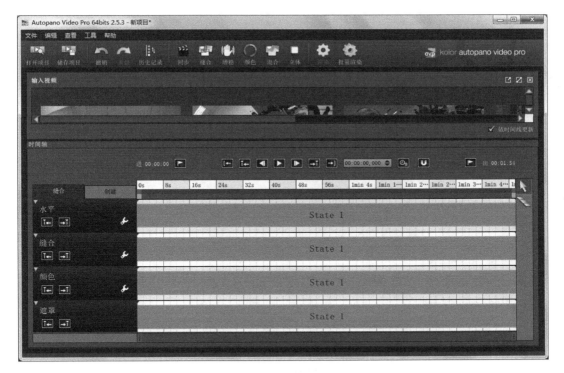

图 4.5　导入视频后的界面

（5）同步。为确保视频之间缝合时声音、动作保持同步，在拍摄时有两种方法：一种是相机全部开机后对着相机的不同方向响亮地击掌，最大化音频特征有助于 AVP 软件识别同步；另一种就是快速旋转组合机，通过画面进行同步。如果忘记做这一系列动作，我们也可以借助第三方剪辑软件（如 Premiere、Vegas、Final Cut Pro）进行同步后再进行缝合。在 AVP 软件中，单击"同步"按钮，将出现如图 4.6 所示的操作界面，左侧为"同步"窗格。

（6）单击"同步"窗格右上角的 ⬀ 按钮，可将其独立显示，如图 4.7 所示。上方是需要校准的时间段，软件默认为 30s，下方分别是"利用声音来同步"和"利用动作来同步"两个按钮，分别代表两种同步方式。选择其中一种后，可以看到视频当前帧所处的时间点发生了改变，这便是自动同步后的结果，单击下方的"应用"按钮确认完成同步。选择"利用声音来同步"方式同步的结果如图 4.8 所示。

（7）缝合。单击"缝合"按钮后会弹出"设定（缝合）"窗口，如图 4.9 所示。可以在"缝合为"选区中选择"GoPro Hero 3+/4"、"全景模板"和"镜头型号"，其中第一个选项后面有三角形下拉按钮，单击该下拉按钮可以显示更多选项。选择其中一种选项，然后单击"缝合"按钮，即可实现视频缝合。

图 4.6 单击"同步"按钮后的操作界面

图 4.7 "设定（同步）"窗口

图 4.8 选择"利用声音来同步"方式同步的结果

图 4.9 "设定（缝合）"窗口

（8）可以通过底部的进度条来观察缝合进度。可以单击进度条后面的"取消"按钮，结束本次缝合，也可以通过"实时预览"窗格查看缝合结果，如图 4.10 所示。

图 4.10　观察缝合进度和缝合结果

（9）细节调整。单击"实时预览"窗格右上角的██按钮，可将其独立显示为窗口，如图 4.11 所示。缝合完毕后，在"实时预览"窗口可以看到几段视频被整合到一起的结果。单击"实时预览"窗口左下角"编辑"按钮，将打开如图 4.12 所示的窗口，单击"确定"按钮，将打开 Autopano Giga（APG）软件，可在 APG 软件中对全景视频进行各种校正编辑。调整完毕并保存，单击"关闭"按钮返回到 AVP 软件中。单击"实时预览"窗口底部的"123"按钮，在预览的全景视频中会显示各视频的顺序号，如图 4.13 所示。

图 4.11　"实时预览"窗口

图 4.12　显示使用外部编辑器编辑拼合

图 4.13 预览的全景视频中会显示各视频的顺序号

（10）视频裁剪。确定输出视频的起始时间和结束时间，分别将帧拖动到指定位置，单击左侧的"起始帧"按钮（小旗子标识）和右侧的"结束帧"按钮（小旗子标识）即可，如图 4.14 所示。

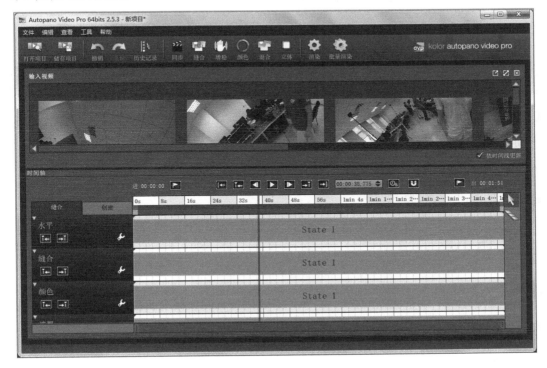

图 4.14 视频裁剪

（11）渲染输出。单击"渲染"按钮，弹出"渲染"窗口，在此窗口中可以设置全景视频的尺寸大小、各种输出参数和输出路径等，如图 4.15 所示。

图 4.15　渲染视频

在"大小"选区里，可以将尺寸设置为相机拍摄的原尺寸（一般宽高比为 2∶1，该软件的"输出设置允许的最大尺寸"为 3840 像素×1920 像素）。在"输出"选区里，可以选择默认设置，也可以自行进行合适的设置；可以选择输出视频文件的位置，也可以手动修改文本框中的文件路径和文件名。最后单击"渲染"窗口底部的"渲染"按钮，开始渲染，这是一个比较漫长的过程，需要耐心等待。全景视频缝合好之后，使用全景播放器 Kolor Eyes 预览。

项目小结

本项目介绍了全景视频的概念，讲解了 GoPro 摄像相机组合机拍摄全景视频的流程，并运用功能强大的主流全景视频拼接软件 AVP 进行了全景视频缝合制作实操。

习题

一、简答题

1．简述传统视频的形成原理。

2．简述利用 GoPro 摄像相机组合机拍摄全景视频的流程。

3．简述 AVP 软件的全景视频拼接流程。

二、论述题

1．使用组合式全景相机拍摄时需要注意哪些事项？

项目五

VR 全景漫游制作

项目介绍

VR 全景漫游是一种新型的展现方式，人们可以在由全景图构建的全景空间里进行自由切换，实现漫游各个不同场景的效果，产生身临其境的感觉。VR 全景漫游的应用如今已经十分常见，比如我们常见的 VR 看房、VR 旅游等，如何制作出让人震撼的 VR 全景漫游是一件非常有意思的事情，我们需要掌握哪些技术和技巧呢？本项目将全面解读 VR 全景漫游制作。

任务安排

任务一　认识 VR 全景漫游制作软件

任务二　VR 全景漫游基础操作

任务三　VR 全景漫游高级操作

学习目标

知识目标：

◇ 熟悉 VR 全景漫游制作软件；

◇ 熟悉 Pano2VR 软件的操作；

◇ 熟悉 VR 全景漫游的设计。

能力目标：

◇ 掌握 Pano2VR 软件基础操作；

✧ 掌握 Pano2VR 软件高级制作；

✧ 掌握 Pano2VR 软件实现 VR 全景漫游制作。

任务一　认识 VR 全景漫游制作软件

➜ 任务描述

通过前面的学习，我们已经掌握了全景图的拍摄和合成制作技术，本任务将实现 VR 全景图漫游的制作，使之能呈现更丰富、更具交互性的内容。

➜ 任务分析

通过 Pano2VR 软件可以轻松快速地实现全景图的漫游制作，Pano2VR 软件的操作界面简洁，非常容易上手，是一款很好的 VR 全景漫游制作软件。

➜ 知识准备

随着数字影像技术的快速发展，现在人们可以通过一些专门的 VR 全景播放软件在计算机或移动端上显示全景图，并可以调整观看的方向，也可以在一个窗口中浏览真实场景，将平面照片转变为 360°VR 全景漫游进行浏览。如果戴上 VR 头盔显示器，还可以将二维平面图模拟生成三维空间，使观看者感到自己就处于这个环境中，观看者可以通过交互操作自由浏览，从而体验 VR 世界。

所谓 VR 全景漫游，其本质上是带有 VR 播放器功能的 HTML5（H5）网页，因此人们可以很方便地通过网页浏览器观看 VR 全景漫游作品。版本较老的浏览器由于对 WebGL 的渲染支持差，无法观看 VR 全景漫游，需要升级版本。目前人们既可以在手机等移动端观看 VR 全景漫游作品，也可以通过 VR 眼镜来观看 VR 全景漫游作品。

5.1.1　Pano2VR 软件简介

目前市场上有多种 VR 全景漫游制作软件。本项目推荐使用 Pano2VR 软件，其 Logo 如图 5.1 所示。

Pano2VR 是一款全景图转换应用软件，支持将全景图转换成 QuickTime 或 HTML5 格式，并可在 PC、互联网及移动端供用户浏览。它还支持多种投影格式的转换，允许输入一张图片完成自动补地操作。其入门非常简单，如果没有特殊要求，用户只需

图 5.1　Pano2VR 软件的 Logo

要很少的操作，即可在短时间内完成一幅可供互动浏览的全景图。

Pano2VR 软件支持平面、圆柱、球面（equirectangular）、立方体、交叉、T 型、条状和 QuickTime VR 作为输入格式。文件格式支持 JPEG、PNG、TIFF、BigTIFF、Photoshop PSD / PSB（8、16 或 32 比特/渠道）、OpenEXR、光辉 HDR 和 QuickTime 文件 JPEG 编码与虚拟现实。

Pano2VR 软件内置了常用的图片处理工具，可实现水平矫正、移除场景多余对象等功能；支持多媒体特性，用户可在全景图中嵌入声音、视频及供交互单击的热点区域，用户通过热点区域可以实现在多个场景间进行跳转交互；提供了播放器皮肤编辑器功能，允许用户对皮肤进行自定义创作和替换，从而创造出更符合浏览内容的界面设计方案。

Pano2VR 软件是专业性质的软件，是基于自身内核的界面化软件，不需要编程，界面简单易懂、上手快，播放方式为网页浏览器。

5.1.2　Pano2VR 软件工作界面

本项目以 Pano2VR pro 6.1.8 版本为例展开，该版本软件的界面如图 5.2 所示。

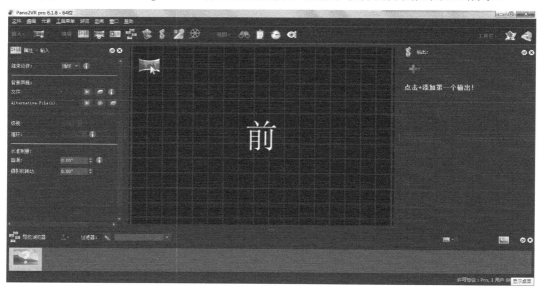

图 5.2　Pano2VR pro 6.1.8 软件的界面

为了更快速地熟悉软件,可以简单地对界面进行区分。

顶部为菜单栏和工具栏,布置有主要功能按钮,工具栏如图 5.3 所示。

图 5.3 工具栏

底部为导览浏览器,主要用来存放输入的全景图,如图 5.4 所示。

图 5.4 导览浏览器

左侧是输入参数设置区,主要设置相应功能的属性,如图 5.5 所示。

右边是输出参数设置区,主要设置全景图的输出格式和参数等,如图 5.6 所示。

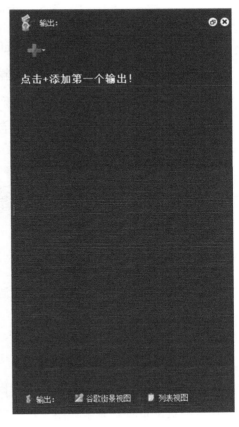

图 5.5 输入参数设置区   图 5.6 输出参数设置区

中间是全景预览窗口，也是主要的场景操作区域，如图 5.7 所示。

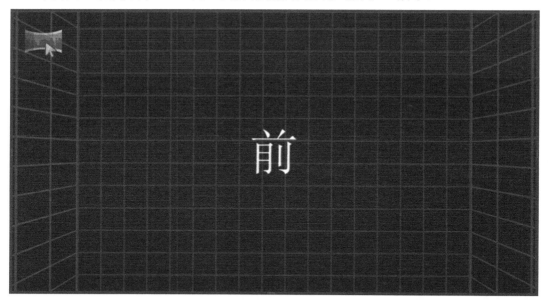

图 5.7 全景预览窗口/场景操作区域

Pano2VR 软件的界面和很多 Windows 平台下的软件一样，界面实现了模块化设计，划分了不同模块（输入参数设置区、输出参数设置区、全景预览窗口/场景操作区域、导览浏览器），各模块可以灵活设置，也可以不显示，可以调节显示大小。比如左右两侧的参数设置区及底部的导览浏览器都是可以关闭不显示的，也可以通过鼠标光标拖动各模块之间的边线以改变模块的大小。

任务二 VR 全景漫游基础操作

➡ 任务描述

掌握将全景图制作成 VR 全景漫游、制作与输出 VR 全景漫游、打开 VR 全景漫游文件等基础操作。

➡ 任务分析

Pano2VR 软件能够轻松地将全景图转换为常见的 HTML5 等格式，用户可以很便捷地通过网页浏览器查看全景图并实现漫游。

➡️ **知识准备**

扫一扫

5.2.1　输入全景图

首先需要在 Pano2VR 软件中输入全景图，全景图的比例通常是 2∶1。

输入全景图一般有以下两种途径。

第一种：单击"输入"按钮，打开输入参数设置区，选择全景图并输入，如图 5.8 所示。

在"插入全景图"对话框中选择要输入的全景图，可以按住"Ctrl"键同时选择多张图片，单击"打开"按钮，完成输入，如图 5.9 所示。

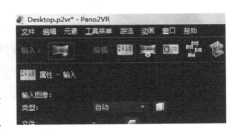

图 5.8　输入全景图

图 5.9　选择全景图

第二种：直接拖入。单击鼠标左键直接将全景图拖入全景预览窗口或导览浏览器中。

（1）直接将全景图拖入全景预览窗口，如图 5.10 所示。

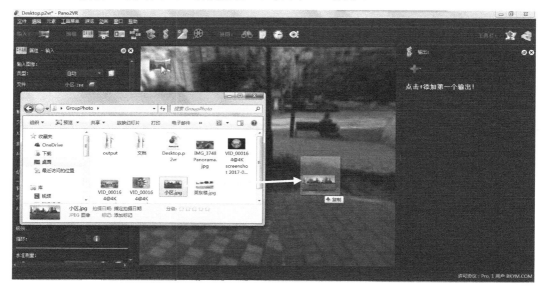

图 5.10　将全景图拖入全景预览窗口

（2）直接将全景图拖入导览浏览器，如图 5.11 所示。

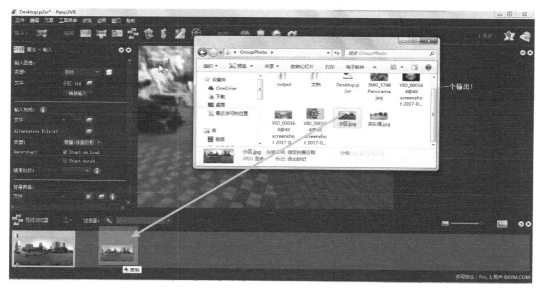

图 5.11　将全景图拖入导览浏览器

同样地，可以按住"Ctrl"键，选择多张图片同时拖入。

输入的全景图会在导览浏览器中显示，如图 5.12 所示。

图 5.12　显示在导览浏览器

默认在第一个全景图的左上角有一个黄圈①标志，如图 5.13 所示。

这个标志代表该全景图为首节点，即整个 VR 全景漫游的初始场景全景，也就是预览 VR 全景漫游时第一个看到的场景。

当然初始场景全景是可以更换的，单击鼠标左键选中其他场景，然后单击鼠标右键，选择 "设定初始场景全景" 选项即可完成更换，如图 5.14 所示。

图 5.13　默认标志

图 5.14　设定初始场景全景

对于不需要的场景则可以删除，选择该场景的全景图，单击鼠标右键选择 "从漫游中移除全景" 选项，打开 "移除全景" 对话框，然后单击 "Yes" 按钮完成移除，如图 5.15 所示。

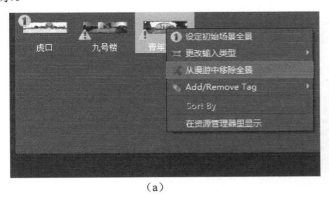

（a）

（b）

图 5.15　移除全景图

当场景很多时，可以通过导览浏览器右上角的滑块进行操作，可以调整全景图在导览浏览器中的显示大小，如图 5.16 所示。

图 5.16　在导览浏览器中调整显示大小

Pano2VR 软件输入全景图，理论上是没有数量限制的，它可以输入很多张全景图，制作包含多个场景的 VR 全景漫游。而且，它对输入的单张全景图的大小也没有明确的限制。但是图片数量越多、图片越大，计算机处理所消耗的资源也就越大，对计算机的性能要求也就越高。

5.2.2　输出 VR 全景漫游

在右侧的输出参数设置区，单击 ![]按钮，添加第一个输出，如图 5.17 所示。
单击 ![]按钮后，会出现很多选项，如图 5.18 所示。

图 5.17　开始输出 VR 全景漫游

图 5.18　选择输出类型

最常见的输出 VR 全景漫游的格式是 HTML5，该格式可以承载图像、音频、视频等多媒体内容，并支持进行一定的交互。VR 全景漫游其实就是将全景图构建为三维模型并予以显示，支持进行一定的交互，支持添加一些音视频图文等多媒体内容进行丰富和扩展。

选择"HTML5"选项，设置输出参数，如图 5.19 所示。

图 5.19　设置输出参数

输出参数暂时不做任何修改，确认输出文件夹的位置，直接单击"生成输出"按钮，输出路径一般默认是输入的全景图所在路径，如图 5.20 所示。也可以在"输出文件夹"对话框中修改输出路径，如图 5.21 所示。

图 5.20　输出路径

图 5.21　修改输出路径

单击齿轮状按钮即"生成输出"按钮，如图 5.22 所示。

图 5.22　单击"生成输出"按钮

需要指出的是，如果是第一次输出项目，此时会弹出一个提示警告窗口，提示保存项目文件，如图 5.23 所示。项目文件记录了输入和输出的路径，以及设置的所有参数，用户可以打开已保存的项目文件，进行修改或继续编辑。

图 5.23　提示保存项目文件

单击"OK"按钮，弹出"保存 Pano2VR 项目文件"对话框，选择保存路径，如图 5.24 所示。

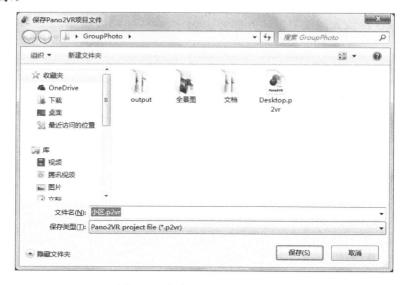

图 5.24 保存 Pano2VR 项目文件

单击"保存"按钮后，开始输出。图 5.25 所示为输出进度。

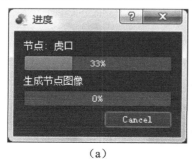 

（a） （b）

图 5.25 输出进度

输出完成后软件自动调用浏览器打开全景图，进行预览。

如果是对已保存的项目做了新的修改，则单击"生成输出"按钮，出现"创建输出"对话框，如图 5.26 所示。单击"Yes"按钮，完成输出。

图 5.26 创建输出

5.2.3　输出后的打开问题

一般正常的 HTML5 格式输出的文件夹结构如图 5.27 所示。

直接打开 index.html 文件即可浏览全景图。

作为初学者，可能遇到的第一个难题是，制作好的 VR 全景漫游自动调用浏览器时能正常打开并浏览，但是关闭浏览器后，尝试直接使用浏览器打开该 VR 全景漫游文件，却发现打不开了。一般会出现如图 5.28 所示的报错窗口。

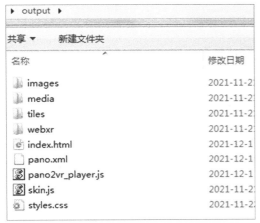

图 5.27　HTML5 格式输出的文件夹结构　　　　图 5.28　报错窗口

也可能出现如图 5.29 所示的黑屏窗口，只显示皮肤和加载进度。

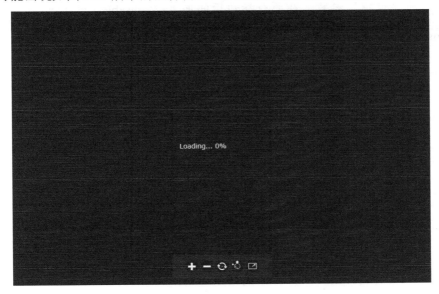

图 5.29　黑屏显示

出现这些问题的原因并不在于浏览器，其实是因为制作出来的 VR 全景漫游文件的运行环境需要服务器的支持。

输出的 VR 全景漫游文件，运行时是 js 读取 xml 参数并在 html 页面显示，而一般浏览器出于安全考虑，都会根据 CORS policy（chrome 禁止跨域策略）阻止本地加载这一进程。

正确的打开方式主要有以下两种。

第一种打开方式是直接使用浏览器打开 index.html 文件。

（1）使用 Firefox（火狐）浏览器直接打开 index.html 文件。

值得指出的是，火狐浏览器从版本 68（2019.07.18）开始，对本地文件的安全性做了一些改变，安装更高版本或者更新版本之后，默认情况下则不能直接打开 index.html 文件来浏览 VR 全景漫游了。

（2）Microsoft Edge 浏览器也可以直接打开 index.html 文件。

（3）如果想使用 Google Chrome 浏览器打开 index.html 文件，需要做一些设置。

① 找到桌面上的 Google Chrome 快捷方式，单击鼠标右键，选择"发送到"→"桌面快捷方式"菜单命令，再创建一个 Google Chrome 快捷方式（为了不影响正常使用，建议不要在原桌面快捷方式的基础上修改）。

② 选中新的 Google Chrome 快捷方式，单击鼠标右键，选择"属性"→"快捷方式"菜单命令，打开"Google Chrome 属性"对话框。

③ 修改"目标"参数，在原有参数后面加上"--disable-web-security --user-data-dir=C:\chromedata"，注意原参数后面和新加参数之间有空格，如图 5.30 所示。

图 5.30　修改"目标"参数

设置完成，注意打开 index.html 文件的方式。先打开新的 Google Chrome 快捷方式进入浏览器，再将 index.html 文件拖进浏览器。不要使用双击文件或者右键选择"打开"选项的方式打开 index.html 文件。

第二种打开方式是使用软件的内置 Web 服务器打开 index.html 文件，具体操作如下。

单击"工具菜单"按钮，选择"生成 Web 服务器"选项，如图 5.31 所示。

图 5.31　选择"生成 Web 服务器"选项

打开"内置 Web 服务器"对话框，如图 5.32 所示，生成内置 Web 服务器。

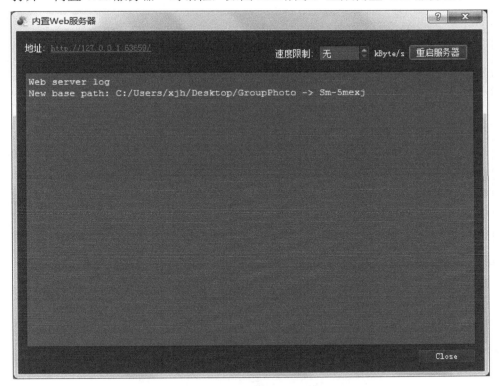

图 5.32　生成内置 Web 服务器

单击进入服务器地址。这时会显示项目文件的上一级或同级路径，在"对应不同路径的前缀列表"中选择输出文件夹，如图 5.33 所示。

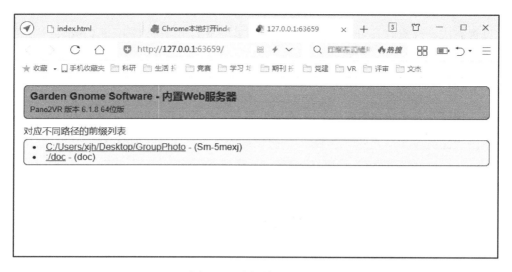

图 5.33　选择输出文件夹

如图 5.34 所示，单击 index.html 文件便可以直接浏览 VR 全景漫游。

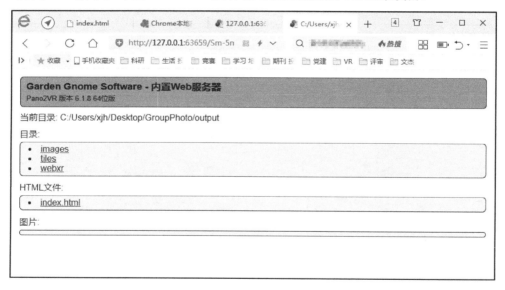

图 5.34　单击 index.html 文件

此外，也可以通过单击 Pano2VR 软件的"生成输出"按钮浏览 VR 全景漫游，如图 5.35 所示。

图 5.35　单击"生成输出"按钮

对于已经输出了的项目文件，在打开项目文件时，可以单击"打开输出"按钮进行浏览，这时后台调用了自带的 Web 服务器。（注意一定是输出之后再浏览。）

"打开输出"操作只能看当前打开的项目文件，想查看另一个项目文件就要打开另一个的项目文件，如果想查看多个项目文件还是使用上面自带的 Web 服务器方便。

任务三　高级操作

➡ 任务描述

任务二实现的 VR 全景漫游功能单一、缺少交互性，任务三将更多的多媒体元素纳入其中，丰富其内容。

➡ 任务分析

Pano2VR 软件制作的 VR 全景漫游不仅仅是将全景图还原成三维空间场景并支持进行交互浏览，还能够添加图文、音视频等多媒体元素，丰富 VR 全景漫游的内容。

➡ 知识准备

扫一扫

5.3.1　添加背景声音

添加背景声音有以下两种方式。

第一种方式是通过设置场景属性添加背景声音。

选择场景，单击"属性"按钮，在"属性-输入"窗格中设置"背景声音"，如图 5.36 所示。

在"文件"选项中，单击▦按钮，打开音频文件，如图 5.37 所示。

打开"音频文件"对话框，选择音频文件，如图 5.38 所示。

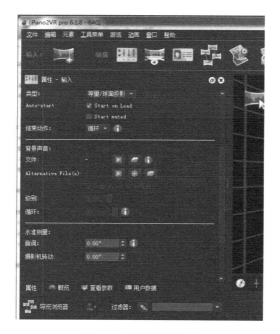

图 5.36　设置背景声音

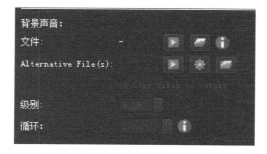

图 5.37　打开音频文件

图 5.38　选择音频文件 1

单击"打开"按钮，就选择好了背景声音，接下来要进行参数设置，如图 5.39 所示。

图 5.39　进行参数设置

Alternative File(s)（替代文件），是指当刚才设置的背景声音无法播放时启用的替代文件（这种情况很少发生，一般不做设置）。

"级别"用于设置插入音乐的音量大小，默认值是 1.0，即原始文件的音量，只可以调小。

"循环"用于设置背景声音的播放次数，默认值是 1，即播放一遍后就停止，可以设置循环播放的次数。如果想要无限循环，将数值设置成 0 即可。

也可以移除设置的背景声音，在文件路径上单击鼠标右键，选择"清空"选项即可，如图 5.40 所示。

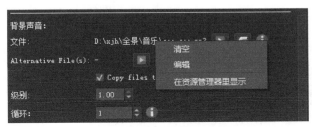

图 5.40　移除音频文件

可以给每个场景都设置背景声音，这样进入每个场景就会播放对应的音乐。如果想让整个 VR 全景漫游的所有场景都播放一首音乐，只需要在首节点设置背景声音即可。

第二种方式是在场景中"嵌入"背景声音。

将鼠标移至红色方框区域，激活全景预览窗口的侧边工具栏，如图 5.41 所示。

单击"声音"按钮，如图 5.42 所示。

此时，主窗口左上角将出现"声音"按钮，如图 5.43 所示。

图 5.41　激活预览窗口

图 5.42　单击"声音"按钮

图 5.43　主窗口中的"声音"按钮

　　此时在场景中选择一个位置，双击鼠标，弹出如图 5.44 所示的"音频文件"对话框，选择音频文件。

图 5.44　选择音频文件 2

单击"打开"按钮，插入音频文件后的工作界面如图 5.45 所示。

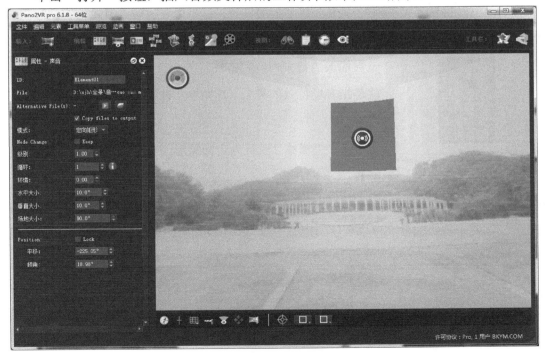

图 5.45　插入音频文件后的工作界面

可以在左侧的"属性-声音"窗格中进行相应的参数设置，如图 5.46 所示。

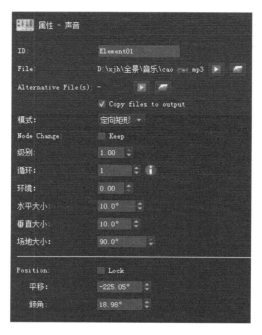

图 5.46　设置声音参数

前面已经讲解了"级别""循环"等参数的设置，这里主要讲解"模式""水平大小"
"垂直大小"等参数的设置。

图 5.47　"模式"的类型

插入的背景声音有音场特效，音量随距离递减。"模式"
就是指音场特效的类型，有如下几种类型可供选择，如图 5.47
所示。

其中"模式"默认为定向矩形，与定向循环一样，有音场
特效。

"水平大小"及"垂直大小"是指插入音频文件虚拟音源的占位大小，默认值均为
10.0°，这两个参数的意义可以理解为声音音量 1.0（最大）的区域。如果是定向循环模
式，则此处只有一个水平大小，因为圆的直径是恒定的。

接下来设置两个重要的参数，一个是"环境"，一个是"场地大小"，这两个参数的
默认值分别是 0.00 和 90.0°。"场地大小"是指声音音量递减的覆盖区域，"环境"是指超
出场地大小后的音量。

"场地大小"的数值默认为 90.0°，是指以音源（矩形或圆形的实体边缘）为中心，
向左或向右 90°范围内的声音是递减的，递减到环境音量，"环境"的数值默认为 0.00，
也就是说递减到了没有声音。如果使用耳机去听，它是一种左右声道的递减，更具有立

体声的效果。这里可以根据自身的需求去修改这两个参数。如果觉得"环境"为 0.00 的音场效果不符合"实际"，可以稍做修改，建议维持或不要高于 0.10（也可以根据实际情况设为 0.20、0.30），因为环境音量大了，那种左右声道递减的效果就不明显了，失去了音场的最佳效果。如果设置"环境"为 1.00，则完全没有了左右声道的音场效果了。

5.3.2　添加图片

在全景预览窗口中单击"图像"按钮，如图 5.48 所示。

图 5.48　单击"图像"按钮

然后在要插入图片的位置双击鼠标左键，在打开的"选择图像文件"对话框中选择要插入的图片，如图 5.49 所示。

图 5.49　选择图像文件

此时可以在全景预览窗口中看到插入的图片，以及左侧相应的参数设置窗格，如图 5.50 所示。

图 5.50　插入图片后的全景预览窗口

插入图片后，一般都需要对插入的图片进行调整，目的是使图片的大小、位置、旋转角度等更契合场景。

可以通过左侧的窗格设置参数，也可以拖动鼠标直接对插入的图片进行调整。

如果插入的图片的尺寸过大，可以在全景预览窗口中通过鼠标滚轮改变视场角。然后初步调整图片在全景预览窗口中的大小，按住鼠标左键拖动图片 4 个角的其中一个，上下拖动，向上是放大，向下是缩小。

也可以通过调整图 5.51 所示的"大小"数值框进行图片大小的调整。

接下来进行契合度的精确调整。图片上有 3 个旋转箭头，拖动它们可以使图片围绕各自中心轴旋转。也可以通过调整图 5.52 所示的 3 个数值框进行调整。

图 5.51　调节图像大小　　　　　　　　　　　图 5.52　调节图像轴向

按住鼠标左键上下拖动红框的旋转箭头，使图片与场景中的图片在空间上大致平行。然后再次拖动图片顶点，调整大小，并单击图片中间的"相机"图标移动位置。

在左侧的窗格中调整"垂直拉伸"参数，其数值大于100%表示拉伸，小于100%表示压缩。

图5.53　设置"垂直拉伸"参数

然后重复执行上面的步骤，调整图片的位置、大小、垂直方向的伸缩比、旋转角度等，最终使得图片契合场景。

在全景预览窗口中有3个旋转箭头与绕X轴旋转、绕Y轴旋转、绕Z轴旋转3个参数相对应，如图5.54所示。

图5.54　调整轴向旋转

　　"平移""倾角"用于图片在空间中的定位，通过设置这两个参数，可以移动图片在空间中的位置，也可以直接单击图片中心的"相机"图标拖动图片的位置。

　　"视场角/视场"即图片在空间的大小，可以直接在全景预览窗口中上下拖动图片的定位点调整图片的大小，也可以在左侧的窗格中进行设置。

　　"垂直拉伸"即图片的宽高比例，也可以直接调整"大小"数值框中的像素值来改变图片的尺寸比例。

　　勾选"手指光标"参数的"启用"复选框后，预览 VR 全景漫游时，鼠标经过插入的图片，箭头光标会变成小手光标。

　　"单击模式"有 3 种效果，一种是无，一种是正常弹出，一种是 100%弹出，如图 5.55 所示。

图 5.55　单击模式

　　选择"正常弹出"选项，单击插入的图片，图片将由契合场景的状态弹出放大，放大到自身的原本尺寸。这种效果适合插入的图片尺寸不大的情况，如果插入的图片尺寸过大，超出浏览器显示区域的大小，那么超出的部分将会不显示。"正常弹出"的显示效果如图 5.56 所示。

图 5.56　"正常弹出"的显示效果

　　选择"100%弹出"选项，单击插入的图片，图片也会弹出放大，但是会顶格到浏览器显示区域的宽或高，如果图片的宽高比小于浏览器显示区域的宽高比（图片竖条状），那么图片的高会顶格到浏览器显示区域的高（垂直空间）。反之，则顶格到浏览器显示区域的宽（水平空间）。如果插入图片的宽高比等于浏览器显示区域的宽高比，那么图片将会铺满显示区域。"100%弹出"的显示效果如图 5.57 所示。

图 5.57　"100%弹出"的显示效果

无论是哪种单击模式，再次单击弹出的图片，图片将会恢复到插入时的状态。

5.3.3　添加视频

在全景预览窗口中单击"视频"按钮，如图 5.58 所示。

图 5.58　单击"视频"按钮

然后在场景中选定要添加的位置，双击鼠标左键，弹出如图 5.59 所示的对话框，选择要插入的视频文件。

图 5.59　选择视频文件

插入视频后，选择"摄像机"图标，右侧的全景预览窗口中，黑白格子即视频区域，黄色阴影是声音的音场区域，如图 5.60 所示。调节前可以先将默认的声音模式"定向矩形"换成"静态"，便于调节视频画面的契合度。

图 5.60　调整视频文件

注意，这里代表视频的黑白格子是正方形，和视频分辨率有些出入，为了保证调整的准确度，使所见即所得，可以将"大小"参数改成 1252 像素×720 像素，使之符合视频的实际分辨率，如图 5.61 所示。其余参数设置与图像相似，如图 5.62 所示。

图 5.61　设置"大小"参数

图 5.62　其他参数设置

大多数契合度及效果的调整与图片的调整类似，不再赘述。只是在"单击模式"参数中多了一个"播放/暂停"选项，如图 5.63 所示。它可设置视频的播放与暂停的功能。

图 5.63　"单击模式"设置

5.3.4 添加热点

Pano2VR 软件可以输入多张全景图，场景个数在理论上是不受限制的。输入多个场景自然会想到将它们"关联"起来，实现在不同场景中的切换。通过添加热点可将场景串联并实现切换浏览。

添加的全景图都会在下方的导览浏览器中显示，全景图的左下角有一个黄色三角形叹号标志，如图 5.64 所示，表示这个场景（全景图）没有出去和进入的热点，也就是说它没有链接指向其他场景，且其他场景也没有链接指向它。

图 5.64　导览浏览器中的全景图显示标志

添加了"出去"和"进入"的热点之后，这个黄色三角形叹号标志就消失了。

通过全景预览窗口单击"指定热点"按钮，如图 5.65 所示。

图 5.65　单击"指定热点"按钮

在全景预览窗口中选定要插入的位置，然后双击鼠标左键。在全景预览窗口中出现的那个红色靶心标志，即表示该热点处于编辑状态下。

和插入图片及背景音乐一样，左侧是对应的"属性-指定热点"参数设置窗格，如图 5.66 所示。

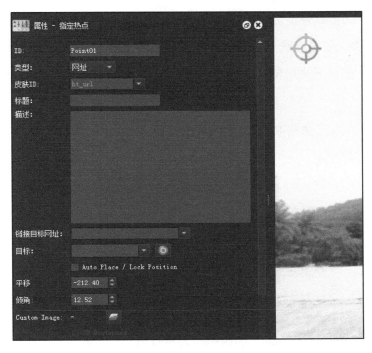

图 5.66　"属性-指定热点"参数设置窗格

（1）**ID**。是指热点的"名称"，通过它来定位。一般 VR 全景漫游都会默认自带一个 ID，比如这里的热点默认 ID 是 Point01，用户可以根据需求或喜好，进行重命名。

（2）**类型**。是指热点需要交互的内容。热点有网址、导览节点、图像、视频、信息 5 种类型，如图 5.67 所示。选择不同的类型，左侧窗格中的内容也会相应地发生变化。

图 5.67　热点类型

① 网址：是指输入页面 URL 或节点的文件名。

② 导览节点：从快捷菜单中选择一个节点，链接到导览中的其他热点。

③ 图像：单击热点将打开图像。单击链接目标网址的文件夹按钮以导航到图像。

④ 视频：单击热点时，显示视频。单击链接目标网址的文件夹按钮，选择需要链接的视频。

⑤ 信息：弹出一个信息窗口，显示在"描述"文本框中输入的文本。可以使用内置到皮肤编辑器中的信息弹出组件。

（3）**皮肤 ID**。使用皮肤 ID 将热点链接到热点模板。

（4）**标题**。在该下拉列表中添加热点的标题。当鼠标光标悬停在热点上时，这个标题将是可见的。

如果热点类型是"导览节点"，可以在自定义标题和用户数据标题（目标）之间进行选择，如图 5.68 所示。

图 5.68　设置"导览节点"类型下的"标题"参数

（5）**描述**。在该文本框中输入的内容作为热点说明。如果热点类型是"信息"，热点说明将出现在信息弹出框中。

（6）**链接目标网址**。该参数基于所选择的热点类型。

① 网址：输入 Web 网址或路径到节点上。

② 导览节点：从下拉菜单中选择节点，单击绿色箭头打开链接的节点。

③ 图像：单击文件夹，导航到图像。

④ 视频：根据所选择的视频源，用户可以在这里指定文件、网址、YouTube 或 Vimeo，如图 5.69 所示。

图 5.69　设置"视频"参数

⑤ 信息：此处写入皮肤编辑器，或者文本。支持 HTML 标签。

（7）**目标**。增加一个标签，来定义在哪里打开页面（或全景图），如图 5.70 所示。

如果链接目标是一个节点，可以选择下列选项。

① 前进：选择前进，进入下一个节点的方向是向前。将重置默认视图。

② 后退：选择后退，进入下一个节点的方向是向后，即旋转 180°。同样，也将重置默认视图。

以"导览节点"为例做进一步讲解。

"类型"选择"导览节点"，也就是用来链接场景，如图 5.71 所示。

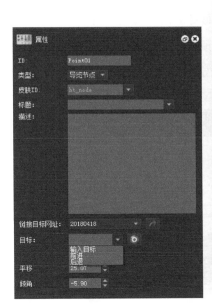

图 5.70　设置"目标"参数 1

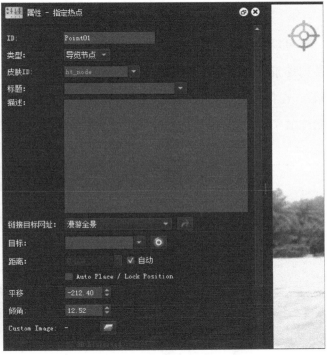

图 5.71　设置"导览节点"参数

"皮肤 ID"指向的是对应皮肤文件中的热点皮肤 ID。这里默认有个浅灰色的填充 ht_node，这是自带皮肤文件中热点皮肤的默认 ID。

在"标题"和"描述"参数中可以设置文字。在导览节点中，标题是有意义的，它会在鼠标光标经过热点时显示。而在热点类型为"信息"时，描述会和标题一同显示。

单击"链接目标网址"下拉列表，选择场景节点，如图 5.72 所示。

图 5.72　设置"链接目标网址"参数

在"导览节点"类型下，"目标"参数用于设置进入链接场景后的视角，如图 5.73 所示。

图 5.73　设置"目标"参数 2

可以在"目标"下拉列表中选择"输入目标"选项，输入目标值，指定进入热点链接的场景后的视角。不过通常并不是以参数输入的，而是单击右边的图标（查看目标参数），在打开的"查看目标参数"对话框中有目标全景预览。使用鼠标左键拖动和鼠标滚轮缩放来确定切换后的视角，单击"OK"按钮即可确定目标视角，如图 5.74 所示。

图 5.74　确定目标视角

除了"输入目标"，还有"前进"和"后退"两个选项。"前进"的意思是以当前场景的视角（其实也就是热点所在的"平移"值）进入下一个场景。"后退"的意思是以当前场景相反的视角（更改180°）进入下一个场景。

"平移"和"倾角"两个参数用来调整热点在场景空间的位置，用户可以通过调节数值调节按钮改变热点的位置，也可以直接在全景预览窗口中拖动热点改变位置。

如果想删除已添加的热点，单击鼠标左键选中该热点，按"Delete"键即可删除。

在输出热点前，还要注意热点的"输出"设置，"热点"下拉列表中有一个"热点文本框"复选框，如图5.75所示。

图 5.75　设置"热点文本框"参数

上面讲解了"标题"参数的设置，在鼠标光标经过热点时会显示标题处填写的内容。这里的"热点文本框"就是用来设置"标题"的格式的。

需要注意的是，"热点文本框"复选框处于默认勾选状态。这种状态下，当鼠标光标经过热点时，即使标题处没有填写内容，也会显示一个空白的文本框，大小默认为长180像素，宽20像素（180×20）。不选中该复选框，那么鼠标光标在经过热点时将不会显示文本框。

具体地，对鼠标光标经过热点时显示的文本框进行格式上的设置。"大小"就是文本框的大小，单位是像素，也可以勾选右边的"自动"复选框来根据文本大小自适应。"文本"设置为自动换行，"背景"（填充）和"边框"的颜色可以灵活调整，也可以不选中

"可见的"复选框，不予显示。通过调整"半径"数值框即可设置文本框的圆角，0 是指默认的不带弧度，"半径"数值增大，可以使直角矩形变成圆角矩形。

5.3.5 添加多边形热点

添加多边形热点，单击"多边形热点"按钮，如图 5.76 所示。

图 5.76 单击"多边形热点"按钮

通过全景预览窗口在场景中选定区域直接绘制。其绘制方法很简单，双击鼠标左键开始区域的第一个点位，然后依次单击鼠标左键确定剩余的点位，直到最后一个点位，再次双击鼠标左键，结束绘制。场景里面的一辆汽车使用"多边形热点"按钮勾勒出来后，可以清晰地看到各个绘制点位，如图 5.77 所示。

图 5.77 绘制多边形热点

对于勾勒好的大致区域轮廓，如果有一些瑕疵或不满意的地方，可以进行调整。鼠标左键按住要调整的点位，拖动位移即可。如果想要删除已经绘好的区域，鼠标选中该区域，按"Delete"键即可删除。如果想要删除某个点位，则通过鼠标右键选中某个点位即可实现删除。如果想要增加节点，使用鼠标左键单击边线就可以增加一个点。

多边形热点的参数设置要比指定热点的参数设置简单一些，最大的不同是多边形热点没有"皮肤 ID"，如图 5.78 所示。

图 5.78　"属性-多边形热点"参数设置窗格

热区（多边形热点）是没有皮肤的，也制作不了皮肤。原因很简单，相对于"点"，多边形是不规则的，可任意绘制。皮肤可以理解为一个图标、图片遮盖原来的点。

与指定热点对比，多边形热点除了没有"皮肤 ID"，"类型"也只有网址和导览节点两种。

当作触发器时，多边形热点在一定条件下还是有优势的，它可以"隐形"标注场景中的物体。有时候这种"隐形"标注效果更好。（即使没有给出热点的类型，制作出来也可以像热点一样弹出各种元素。）

选择"导览节点"类型连接场景时，和热点的设置一样。

多边形热点不能设置皮肤，但是可以进行一定样式的改变，通过"颜色"参数可以变换多边形热点的显示面貌，如图 5.79 所示。

图 5.79　设置多边形热点的颜色

不勾选"使用默认值"复选框，看到默认的背景（也就是区域填充）和边框是深蓝色的。在全景预览窗口勾勒的区域外，单击鼠标左键就可以看到样式，如图 5.80 所示。

图 5.80　设置后的多边形热点效果

鼠标左键单击背景和边框后的方框，打开"选择颜色"对话框，可以设置更丰富的颜色，如图 5.81 所示。

可以在左边的"基本颜色"选区选择标准颜色，也可以在右边的色板精细选择颜色，还可以单击"Pick Screen Color"按钮拾取当前电脑屏幕的任意点的颜色。当然，如果要使用固定颜色，可以通过色彩三要素（色调、饱和度、亮度）值或者 RGB（红色、绿色、蓝色）值确定，其取值范围为 0～255；也可以由 HTML（前端网页）中用的十六进制颜色确定。这里需要注意的是，"Alpha 通道"的作用是设置透明度，它的值不是百分比或小数，而是从 0 到 255，0 是全透明，255 是不透明。

单个热区的颜色更改可以在这里设置，如果是多个热区的颜色批量更改，就需要勾选图 5.79 所示的"使用默认值"复选框，下面将介绍更改热点——多边形热点的背景颜色和边框颜色的技能。

在输出前，依旧要在热点的"输出"窗格中进行设置，如图 5.82 所示。

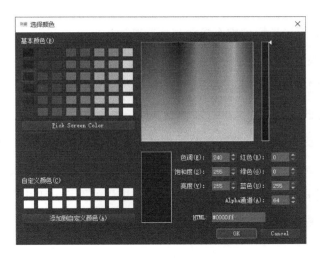

图 5.81　设置更丰富的颜色

　　在"多边形热点区"选区中，"视图模式"默认是"一直隐藏"，勾勒的热区轮廓不会显示，但是它是存在的，设置的导览节点切换场景在单击鼠标时也是有效的。"视图模式"除了"一直隐藏"，还有"一直显示"、"显示当前的"、"全部显示"和"关闭"等模式，如图 5.83 所示。

图 5.82　热点的"输出"窗格

图 5.83　视图模式

　　"一直显示"与"一直隐藏"相反，勾勒的热区轮廓是显示的。

　　"显示当前的"是指热区轮廓不显示，但是在鼠标光标进入热区后才会显示。

"全部显示"是指如果场景中有多个热区，鼠标光标进入其中一个热区内，场景中的所有热区都将显示。

"关闭"则是指热区都不显示。

另外需要注意的是，在这里也可以设置"背景颜色"和"边框颜色"。前面的设置中，勾选了"使用默认值"复选框后进行的颜色调整使用的就是这里的颜色。如果要多个热区批量更改颜色，就要在这里进行更改，这样所有热区都会显示此处设置的颜色。

"手指光标"是指鼠标光标经过时显示的手指模样的图标，可以不勾选此处的"启用"复选框，则鼠标光标为默认的指针状。

5.3.6　添加炫光

"炫光"也就是镜头光晕，就是在场景中添加光源和光晕来模拟真实的效果。首先单击"镜头光晕"按钮，如图 5.84 所示。

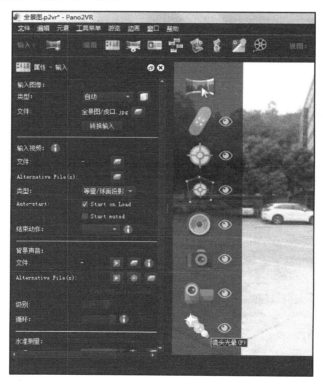

图 5.84　单击"镜头光晕"按钮

在场景中的原光源位置（比如外景的太阳光源或室内的灯光源）处双击鼠标左键添加"镜头光晕"。

然后在"属性-镜头光晕"参数设置窗格中进行详细设置，如图 5.85 所示。

镜头光晕的样式如图 5.86 所示。每种样式的效果就不在这里展开了，用户可以自己输出预览一下。

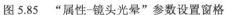

图 5.85　"属性-镜头光晕"参数设置窗格　　　图 5.86　镜头光晕的样式

"炫目"是指正对光源的耀眼程度，为百分比值，值越大，正对光源时越耀眼，场景也越炫目。

"Alpha"是指投下来的光晕透明度，即光晕的明显程度，为百分比值，值越大光晕也越明显。

"平移"和"倾角"是指光源的位置，用户除了可以使用鼠标左键在全景预览窗口中直接拖动光源的位置，还可以在这里对光源的位置进行微调整。

添加炫光可以为 VR 全景漫游增添效果，如图 5.87 所示。其左侧窗格中的参数设置如下。

图 5.87　添加炫光

样式：彩色镜头光晕；炫目：80%；Alpha：90%；平移：-103.19；倾角：36.02。
输出后的炫光特效如图 5.88 所示。

图 5.88　输出后的炫光特效

5.3.7　打"补丁"

有时候，拍摄合成后的 VR 全景漫游可能出现一些小瑕疵。比如拼接缝合不严谨、结合处有一些扭曲，出现了三脚架或者三脚架的影子，出现了拍摄者的影子等问题，这些都需要进行修补。当然，这些问题有些在拍摄时就可以避免，实在避免不了的要在后期进行修补，用户可以在全景缝合软件中进行调整和修补，或者在合成全景图之后使用图片处理工具如 Photoshop、Fireworks 等进行图片的修补。如果最后实在修补不了，或者合成后的图片不方便再进行修改，就需要使用 Pano2VR 软件的补丁功能。

单击全景预览窗口左侧的"补丁"按钮，如图 5.89 所示。

图 5.89　单击"补丁"按钮

在需要补丁的位置，双击鼠标左键添加补丁，如图 5.90 所示。补丁功能弥补了图片处理工具无法直接修补全景图顶部和底部的问题，将补丁区域进行重映射提取出来图片，然后使用图片处理工具修补。

图 5.90　添加补丁

在需要修补的地方双击鼠标左键后，会出现一个补丁图标，并打开其属性面板，如图 5.91 所示。红色图标表示补丁被选中，而蓝色图标表示补丁未被选中。

图 5.91　设置"补丁"参数

（1）"平移"表示图像在水平方向的位置。

（2）"倾角"表示图像在垂直方向的位置。

（3）"摄像机转动"表示图像围绕中心点旋转。单击箭头或按住补丁中心点进行旋转。

（4）"视场"表示补丁覆盖的区域。单击数字部分并滑动鼠标滚轮以调整补丁大小。

（5）"长宽比（影像）"表示输入所需的纵横比以改变补丁的尺寸。默认值为 1：1（1.00）。"水准测量后应用"复选框最好应用在 Droplet 或主节点上。

当上表面或下表面在水准测量后（比如无人机/直升机镜头、一架相机不带三脚架等）不位于-90°或 90°时，勾选该复选框以确保即使在应用水准之后，补丁总是保持正确显示。

当下表面或上表面在水准测量后（比如无人机/直升机镜头、一架相机不带三脚架等）不位于-90°或 90°时，勾选该复选框以确保即使在应用水准之后，徽标（贴片）总是停留在下表面或上表面。

（6）"类型"表示要使用的补丁类型：图片、镜面球、成角投影、球体、模糊正方形、模糊圆、模糊封面。

模糊的补丁用于模糊谷歌街景中的脸、车牌，以及覆盖三脚架。

以下参数仅用于图像类型。

（7）"格式"，当类型设置为图片时可用。选择补丁的输出格式——PNG、TIFF、JPEG、PSD、HDR。

提示：单击鼠标右键，选择"设置为默认"选项，将当前格式设置为默认值以供将来使用，如图 5.92 所示。

图 5.92　设置图像格式

（8）"画面质量"用于调整 JPEG 图像的质量。

（9）"文件"用于为补丁命名，或打开一个新的补丁。

（10）"提取"按钮，单击提取补丁。补丁将在默认图片编辑器中打开。

（11）"打开"按钮，单击打开已设置的用于图像文件的默认程序中的修补程序图像。

整体而言，所有添加到场景的元素（图片、声音、视频、炫光等），都是由"平移"和"倾角"两个参数决定位置的，用户可以在这里详细调整元素的位置，当然元素的位置，也都可以直接在全景预览窗口中拖动。

调整"摄影机转动"参数能改变补丁的旋转朝向，能看到补丁区域有一个 UP 箭头标志，这就是提取出来的图片的顶部朝向。改变这一参数，有时候可能只是为了旋转一下补丁以恰好覆盖要修补的区域，有时候是为了与图片中的内容方向吻合，提取出来的图片在图片处理工具中能方便直接地处理。这里可以直接在全景预览窗口中，在中心圆圈箭头的边缘按住鼠标上下移动，旋转补丁。

"视场"就是补丁区域的大小，用户可以在这里设置数值进行严谨的设置，确定补丁区域的大小，也可以与添加到场景中的图片的操作一样，鼠标按住定位点上下拖动以改变补丁区域的大小。

"长宽比（摄像）"决定区域的形状，数值默认为 1.00，也就是正方形区域。

"类型"默认是"图片"，"格式"使用默认的"Photoshop PSD/PSB（.psd）"，"画面质量"只有在格式为 JPEG 时可以进行调整，其余格式都不需要调整画面质量。

"文件"会在图片所在同级文件路径下默认创建一个 patches 文件夹，提取的文件会以"场景名+后缀 patch+编号"命名。注意，这里的文件夹及命名都不要做任何更改。

在以上参数都设置完成后，可以直接单击"提取"按钮提取补丁，如图 5.93 所示。

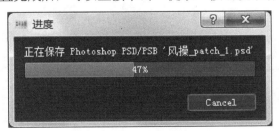

图 5.93　提取补丁

提取补丁完毕，如果电脑上安装了 Photoshop 软件，软件会自动地调用程序打开图片，如图 5.94 所示。也可以在 patches 文件夹里打开图片。

利用 Photoshop 软件进行图像处理，在此不再赘述，图 5.95 所示为修补后的补丁图片。

修补完毕，保存。再回到 Pano2VR 场景中看一下效果。这时，全景图已经被修改后的补丁自动更新了，如图 5.96 所示。单击补丁区域的锁定图标，将其锁定，避免被移动。

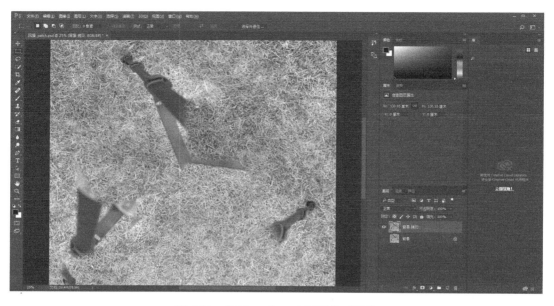

图 5.94　在 Photoshop 中打开补丁图片

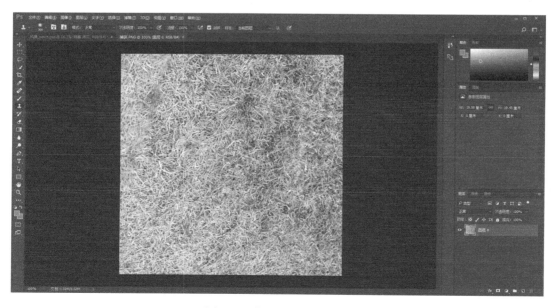

图 5.95　修补后的补丁图片

图 5.96 修补后的全景图效果

如果没有反应则重新加载一下即可。单击鼠标右键，选择"重新加载图像"选项，如图 5.97 所示。

图 5.97 重新加载图像

5.3.8　场景视图浏览设置

1．设置默认视图

默认视图，即进入场景后的第一视角景象。

将全景图输入 Pano2VR 中时，其实已经默认了一个视图，也就是平移 0.00°、倾角 0.00°，对应的就是全景图的中心位置及视场角/视场 70.00°，垂直 70.00°视野范围，如图 5.98 所示。

图 5.98　设置"查看参数"选项

可以重新设置这个默认视图。

如果有确定的值，那么可以在"默认"栏下手动输入平移、倾角、视场角/视场三个参数的值。也可以直接在全景预览窗口中使用鼠标将全景图拖拽到某一视角，滑动鼠标滚轮选择合适视场，此时对应的"当前的"栏下显示的就是手动操作的视图参数值，单击下面的"设置"按钮，便可以设置成进入场景后的默认视图。

如果不满意默认视图，可以单击"重置"按钮快速地回归原始默认视图，然后重新设置。单击"设置"按钮，则可将"默认"栏下方的参数设置为"当前的"栏对应的参数。

单击"跳转到指定位置"按钮，视图将定位到"默认"栏下方设置参数。

"默认视图"的设置就这么简单，但是"默认视图"还有个"投影"参数可以设置，默认的是"直线型"效果，除此之外，还有"立体投影"和"鱼眼效果"效果。

"直线型"就是正常看东西的效果。

"鱼眼效果"表示视场不大时是正常但略呈圆形的效果。视场大一些，就像鱼眼镜头的成像，当然也可以说成鱼的眼睛的成像效果。视场拉到最大时，能够同时容下整个视界，呈现全视角。

"立体投影"表示视场不大时也是正常但略呈圆形的效果，比鱼眼效果的变形小。视场大一些，成像扭曲。视场最大时成像扭曲得更厉害，但是当视场最大且视角垂直于地面时，就是比较熟悉的"小行星"效果。

我们可以自己动手输出预览这三种效果的具体表现。

2.　限制视角

一般来说，全景图就是特指包含水平 360°和垂直 180°全视角的全景图，通过这种全景图制作的 VR 全景漫游，可以还原出整个三维立体空间所有的景象。

但是有时候可能由于拍摄设备的原因，没能拍摄到一定角度的照片，常见天空或地面出现一圈"黑洞"，或者某一部分视角的内容有瑕疵，在制作时不想让这些瑕疵被看到，这些时候就可以在 Pano2VR 软件中对全景视角进行限制，让这部分内容无法被看到。

查看限制，勾选"显示限制"复选框，如图 5.99 所示。

图 5.99　勾选"显示限制"复选框

看到 4 个参数，"顶部"为 90.00°、"底部"为-90.00°、"左"为 360.00°、"右"为 0.00°，这 4 个参数是当前的限制值，如图 5.100 所示。因为全视角就是垂直 180°，水平 360°，所以当前的限制值实际上是没有限制的。

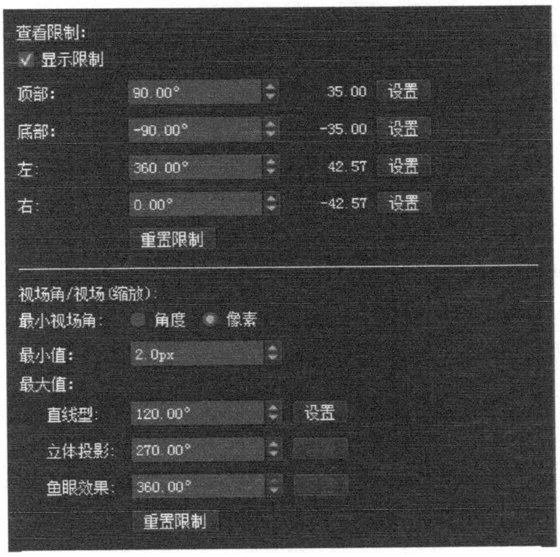

图 5.100　设置"显示限制"参数

而后面的 4 个参数，"顶部"为 35.00°、"底部"为−35.00°、"左"为 42.57°、"右"为−42.57°，即当前全景预览窗口的参数，也是实际的浏览窗口下顶部、底部、左、右边缘对应的视角值。如果单击各自后面的"设置"按钮，即把此时的参数设为限制值。

在对某一区域进行限制的时候，直接在全景预览窗口中将鼠标拖动到窗口边缘恰好看不到限制区域时，单击"设置"按钮。如果是限制天空或地面，则设置顶部或底部的参数即可，如果是限制水平方向的一块区域，需要设置左和右的参数。

限制视角状态下看不到天空顶部。

3. 制作小行星开场

小行星开场就是进入场景后由小行星视角转场到正常视角，其特效如图 5.101 所示。

图 5.101　小行星开场特效

在设置"默认视图"时提到"立体投影"，输出后，视角垂直地面拉大了视场，就得到了小行星效果。

设置小行星开场，就是由立体投影下的上图视角，转到直线型投影下的正常视角。

首先在"输出"窗格中设置"自动旋转&动画"为"飞入"模式，如图 5.102 所示。下面的"速度"数值框用来调节由小行星视角到正常视角的转场效果的速度，默认值是 2.00，可以根据实际情况或需求进行调节，值越大速度越快，转场时间越短。

勾选"飞入"复选框后，不能立即就输出，还需要到"查看参数"窗格中进行"飞入"参数设置，如图 5.103 所示。

图 5.102　设置"自动旋转&动画"

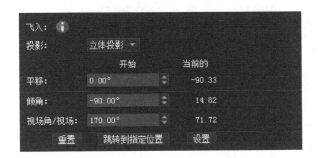

图 5.103　设置"飞入"参数

　　小行星效果是立体投影下垂直地面的视角，因此，飞入开始的"倾角"默认为-90.00°就无须设置了，而小行星效果不光要有垂直地面的视角，还需要拉大视场，这里默认的170.00°视场角/视场显然不太够，"视场角/视场"最好设置为270.00°~360.00°，具体的值可根据效果自行设置。

　　到这里再去输出，就基本完成了小行星开场的制作。

　　小行星开场不光是视角的切换，过程还有点儿"螺旋"的效果。

　　上面的设置中，立体投影的开始"平移"值是0.00°，而默认视图的"平移"值也是0.00°，所以没有产生螺旋效果。这里只需要设置飞入开始的平移值，从-179.99°~180.00°之间选择，尽量与默认视图的"平移"值有超过90°的差值，使得螺旋效果明显。正负值则是螺旋时的正反旋转。

小行星开场不光可以设置在初始场景，依据个人喜好，还可以对任意一个场景进行设置，勾选对应场景下的"飞入"复选框，然后进行上面的设置即可。

4. 开启自动旋转

输出的 VR 全景漫游可以设置为自动旋转，场景视角水平方向上 360°旋转。

在"输出"窗格中设置"自动旋转&动画"为"自动旋转"模式，然后对下面的一些参数进行设置，如图 5.104 所示。

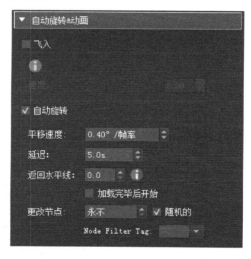

图 5.104　设置"自动旋转"参数

"平移速度"也就是水平方向旋转的速度，这里默认使用"0.40°/帧率"，这个值实际较大，输出后预览会发现旋转的速度较快，建议设置得小一些，当然这个要根据实际情况和个人喜好设置。

"延迟"是指等待鼠标及键盘无操作后多长时间开始旋转，单位为秒。

"返回水平线"是指当鼠标拖动浏览，改变了倾角后偏离了水平，等待"延迟"后回归到水平（倾角 0°）的速度，取值范围为 0.0～10.0，0.0 表示不回归水平，保持拖拽后的倾角状态；10.0 表示立即回归到水平；0.0 到 10.0 之间的值表示缓慢地回归水平，当然值越大，越接近 10.0，回归得越快。

上面提到的"延迟"是指等待鼠标及键盘无操作后多长时间开始旋转，实际打开全景漫游开始预览后，也需要等待这个"延迟"时间。但是勾选"加载完毕后开始"复选框后就无须等待"延迟"了，进入场景后会立即开始自动旋转，"延迟"依旧是指等待鼠标及键盘无操作的时间。

"更改节点"是指自动切换场景进行浏览，默认为"永不"，即不自动切换场景。可设置为时间参数，单位是秒，即多少秒之后切换场景。后面有个"随机的"复选框，默认不勾选，切换的顺序是导览浏览器中的场景顺序，勾选后，则变成随机切换。

更改节点配合自动旋转可产生自动浏览效果。注意更改节点的时间，如果场景有语音讲解，那么可以设置更改节点的时间为语音讲解时长（适当延长 3～5 秒），如果没有语音讲解，可以设置更改节点为自动旋转一周的时长。按照图 5.104 中的"0.40°/帧率"的平移速度，旋转一周需要 15 秒。公式是：6÷ 平移速度 = 旋转时间 。根据这个公式，定好自己满意的平移（旋转）速度然后计算出旋转时间。

5.3.9　皮肤设置

Pano2VR 软件制作 VR 全景漫游，需要手动添加皮肤。所谓的皮肤就是 VR 全景漫游的 UI，通过皮肤能进行更好的交互浏览。Pano2VR 软件的皮肤可以自行设计，且是可视化的编辑设计，这是 Pano2VR 软件的一大优点。

给输出的 VR 全景漫游添加皮肤很简单，只需要在输出的时候选择皮肤文件即可，如图 5.105 所示。

图 5.105　添加皮肤

Pano2VR 软件默认自带一部分皮肤，用户可以直接使用它们，也可以参考这些皮肤模仿和制作新的皮肤，制作好的皮肤文件（保存在默认的皮肤文件夹下）会在这里显示。

选择一个皮肤文件，以"simplex_v6.ggsk"为例，如图 5.106 所示。

图 5.106　选择"simplex_v6.ggsk"皮肤

能直观地看到下方的控制按钮，如图 5.107 所示。事实上，皮肤远不止这些控制按钮，自带的"simplex_v5.ggsk"皮肤默认具有 5 个控制按钮（.ggsk 是 Pano2VR 皮肤文件的独有格式）。

图 5.107　"simplex_v6.ggsk"皮肤特效

项目小结

本项目介绍了通过 Pano2VR 软件实现 VR 全景漫游的制作，对 Pano2VR 软件做了比较详细的介绍，并对其基础操作和高级功能做了详尽的讲解。通过本项目的学习，学生可以根据不同的主题开展自己的设计，完成一个充满创意的 VR 全景漫游作品。

习题

一、简答题

1．简述 Pano2VR 软件的功能。

2．简述利用 Pano2VR 软件输出 HTML5 格式时出现的打开问题的解决方法。

3．简述如何在 VR 全景漫游场景中添加背景声音。

4．常见的多媒体如何添加到 VR 全景漫游场景中？

5．补天、补地的基本操作是什么？

二、实操题

使用 5～8 组校园各主要标志点全景图，通过 Pano2VR 软件制作出校园 VR 全景漫游作品。

项目六

旅游景点 VR 全景制作

——以沙湾古镇为例

项目介绍

旅游景点 VR 全景，足不出户也可以四处云游的旅游方式！

不管你是想去风光旖旎的瑶里古镇，还是繁华热闹的上海外滩，或是云上大草原的武功山风景区，以及魅力四射的桂林山水，等等……VR 技术与度假旅游相结合，产生了沉浸式体验的 VR 旅游新模式，既能满足游客的猎奇心理，又能避免风险，一举两得。

任务安排

任务一　前期拍摄

任务二　后期制作与发布

学习目标

知识目标：

◇ 熟悉全景作品前期拍摄的操作流程；

◇ 熟悉全景作品的后期制作与发布。

能力目标：

◇ 会操作单反数码相机拍摄全景作品；

◇ 会使用 Auto Pano Giga 等软件进行全景作品制作；

◇ 会使用 720 云全景制作工具上传和发布全景作品，并对全景作品添加交互功能。

任务一　前期拍摄

➔ 任务描述

通过前面的学习，我们了解了全景图及其制作技术，本任务将引领大家学习全景作品前期拍摄的实操环节。

➔ 任务分析

在理论知识学习完备之后，我们要走出课堂，到户外进行实操练习。

➔ 知识准备

VR 全景是基于全景图的真实场景虚拟技术，这种技术既丰富了人们的视觉体验，也是一种全新的营销手段，使商家的产品价值能真实完整地呈现在每位用户的面前，场景营销由此也变得更简单有趣。

当我们进入全景环境中时，一定会好奇这种 3D 效果的全景图究竟是怎么拍摄出来的。本任务将引领大家一起了解它的拍摄流程。

1. 拍摄前准备

准备佳能 EOS 6D 单反数码相机、三阳 14 广角定焦镜头及 720 云台等设备。

使用单反数码相机拍摄的全景素材可呈现清晰的全景图，广角镜头可开阔镜头视野，减少全景图的拼接张数，在此基础之上，也更利于拼接。为保证相机拍摄的稳定性，一定要用到三脚架，而云台配置也需要专业的全景云台。

2. 相机调整

（1）调整好相机，将镜头对焦模式调整为手动对焦。

（2）在焦段设置中，建议采用定焦镜头。因为在拍摄过程中不能改变焦距，以免拍摄出的图片因镜头节点发生变化而无法拼接。

（3）为保证相机成像的质量，根据环境的差异将相机调整到合适的感光度、曝光补偿、焦段、光圈值，拍摄开始后参数保持不变。

（4）架设相机三脚架（建议搭配全景拍摄云台使用），并将其调整至水平状态。

3．相机安装

（1）安装云台至三脚架上，并将其调整至水平状态。

（2）按动云台右上角的按钮打开云台。

（3）调整云台至垂直方向。

（4）安装相机至云台上，并将相机调整为垂直向下。

（5）以刻度垂直线为参考线确保相机垂直中心点与参考线平行。

（6）校准后将云台立臂向地面垂直调整至向地面平行。

（7）调整相机，确保相机水平方向与地面平行。

4．720 云台操作说明

组装后的 720 云台如图 6.1 所示。下面对其主要部件进行介绍。

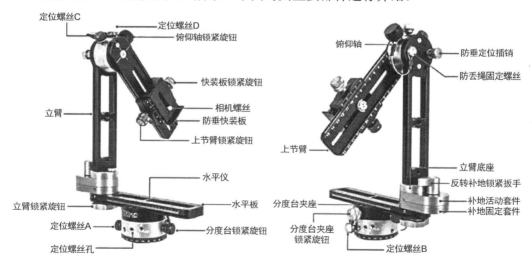

图 6.1　组装后的 720 云台

（1）分度台。分度台可设置拍摄时镜头需要转动的度数，确认好度数，每次旋转度数相同。

（2）定位螺丝。定位螺丝用来确定分度台的旋转度数，一般拍摄 VR 全景时定位螺丝拧在 60°处。

（3）俯仰轴。俯仰轴用来确认拍摄的俯仰角度，俯仰轴有防垂定位插销，每次调整俯仰轴的俯仰度数需要抽开防垂定位插销，地面拍摄和校正相机及天空拍摄都要调整防垂定位插销。

（4）补地活动套件。外翻补地时松动反转补地锁紧扳手，调整补地活动套件角度，立臂外翻与水平板调整到水平状态，进行补地操作。

云台的主要作用是把控拍摄度数，简化拍摄步骤，配合相机更容易拍摄出无差错的地面全景。

5. 拍摄流程

水平（8）、上斜（8）、下斜（8）、补天（1）、补地（1）。

1）主要角度

（1）调整角度分别是水平 0°，上斜 45°，下斜 45°。

（2）根据云台指针上方刻度分别调整水平、上斜、下斜方向，并确保对焦清晰后，依 3 个方向绕云台下方刻度 0°、45°、90°、135°、180°、225°、270°、315°各拍摄 1 张。

（3）水平 8 张为一组，上斜 8 张为一组，下斜 8 张为一组，总计水平、上斜、下斜共 24 张。

2）补天

（1）调整云台上方刻度为垂直向上 90°。

（2）垂直正对天空拍摄 1 张。

（3）补天 1 张为一组，共计 1 张。

3）补地

（1）调整云台角度至地面方向，并调整云台上方刻度为 90°。

（2）找准三脚架中心点位置。

（3）补地正下方 1 张为一组，共计 1 张。

整套一共拍摄 26 张图片，如图 6.2 所示。拍摄完毕后导出，利用后期软件拼接合成全景图，如图 6.3 所示。

6. 注意事项

（1）ISO 感光度参考数值

室内 ISO：400～800，室外 ISO：100。

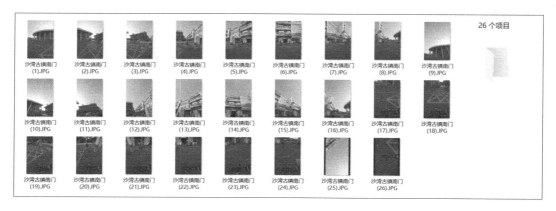

图 6.2　拍摄原始素材导出（沙湾古镇南门）

图 6.3　全景图合成参考图（沙湾古镇南门）

（2）光圈参考数值

室内/室外的光圈均是 F8.0，曝光补偿/AEB：−2，0，+2。

（3）焦距参考数值

可参考各焦距镜头一圈拍摄张数速查表（全画幅），如图 6.4 所示。

（4）拍摄图片数量

拍摄图片数量总计 26 张，在拍摄过程中如果三脚架、云台或相机任一设备发生抖动，需要删除整组照片以重新拍摄。

以上参数数值仅供参考，具体以实际拍摄情况为准。

各焦距镜头一圈拍摄张数速查表（全画幅）：

镜头焦距	竖拍		横拍	
	360°需拍张数	每张拍摄转动角度	360°需拍张数	每张拍摄转动角度
8mm鱼眼	4	90°	3	120°
12mm	5	72°	4	90。
14mm	6	60°	4	90°
15mm鱼眼	6	60°	4	900
16mm鱼眼	6	60°	4	90°
18mm	7	51.4°	5	72°
20mm	8	45°	5	72°
24mm	9	40°	6	60°
28mm	10	36°	7	51.4°
35mm	13	28°	9	40°
40mm	14	26°	10	36°
45mm	16	22.5°	11	330
50mm	18	20°	12	30°

图 6.4　各焦距镜头一圈拍摄张数速查表（全画幅）

7．全景拍摄点位选择规范

（1）同一个场景的所有内容和细节都需要尽量表现出来。

（2）不要靠墙或者靠近柱子选点。

（3）尽量避开行人，如果无法避开行人，则选择人少的点位，但是不要拍摄近处的人物。

（4）避免相机和三脚架投影到镜面上，比如酒吧、卫生间、健身房等镜子比较多的场所便不适合用作拍摄点位。

（5）拍摄小空间时，三脚架的支架不要分得太开，比如卫生间、桥梁。

（6）拍摄大空间时，可以升高三脚架拍摄，比如酒店大堂、景区门口、大型会议室。

（7）画面中前后左右的构图要美观，内容要丰富。

（8）避免逆光拍摄，可以在阳光不强烈的时候拍摄。

（9）拍摄商户门口时，注意 Logo 和主建筑物一定要突出，它们可以作为中间节点进行拍摄。

（10）拍摄酒店房间、餐厅包间等室内空间时，把窗帘拉上，可以保证光线均匀，避免曝光。

（11）拍摄景区时，开拍之前需要提前做好规划。

① 拿到景区的导览图，了解景区对外开放的地方。

② 确定需要突出表现的设施，光线最好是侧光或者顺侧光，这样拍出的作品层次丰富立体感强烈，可以突出主体。

③ 拍摄的时候尽量找高位拍摄，画面上既可以俯览也可以仰望，使得画面更大气，特色鲜明。

其全景图合成参考图（沙湾古镇街道）如图 6.5 所示。

图 6.5　全景图合成参考图（沙湾古镇街道）

8．无人机操作流程

1）无人机的两种拍摄方法

（1）自动拍摄

选择"设置"→"拍照设置"→"全景球形"菜单命令，可进行自动拍摄球形全景。

① 检查无人机是否有异常，如果无人机有异常，消除异常后，起飞无人机。

② 提升观察屏幕上的飞行高度标注，确认达到合适的飞行高度，调整角度，确认周边建筑物全部可以被镜头覆盖（无人机转动一圈，查看是否有未被拍摄进相机的建筑物，如果有未被拍摄完整的建筑物，继续提升无人机高度，直到全部建筑物可以被拍摄完整为止）。

③ 确认角度及无人机高度无误后，进行相机的参数调整（具体参数以实际情况为准），然后将摄像头调整到水平为 0 的位置，单击拍摄按钮，无人机将进行自动拍摄。自动拍摄完毕后无人机会自动生成球形全景（方便快捷，但是画质有一定的损失）。拍摄完毕后返航，从存储卡中导出拍摄的图片，图片共 26 张，利用后期软件进行合成处理。

（2）手动拍摄

① 检查无人机是否有异常，如果无人机有异常，则消除异常后，起飞无人机。

② 观察屏幕上的飞行高度标注，确认无人机达到合适的飞行高度，调整角度，确认周边建筑物全部可以被镜头覆盖（无人机转动一圈，查看是否有未被拍摄进相机的建筑物，如果有未被拍摄完整的建筑物，继续提升无人机高度，直到全部建筑物可以被拍摄完整为止）。

③ 确认角度及无人机高度无误后，进行相机的参数调整（具体参数以实际情况为准），然后将摄像头调整到水平为 0 的位置，进行手动拍摄：水平拍摄 8 张，向下俯视 45°拍摄一圈（8 张）、俯仰 60°拍摄一圈（8 张）、俯仰 90°拍摄各 1 张。每张图片需要确保重叠部分大于三分之一，可在进行九宫格拍摄时进行参考，拍摄完毕后返航。手动航拍需要拍摄 26 张图片，拍摄完毕后从无人机存储卡中导出图片进行后期处理。

2）无人机拍摄高度及角度

（1）拍摄高度

① 全景拍摄高度：全景拍摄高度范围为 120～200 米（覆盖整个景区范围，可无主题但是范围要广）。

② 单景点拍摄高度：单景点拍摄高度范围为 30～80 米（高度不固定，以拍摄主题高度为主，能够拍摄出凸显的主题建筑物的整体优点的高度为主题高度）。

（2）拍摄角度

全景拍摄角度以拍摄高度为主，拍摄范围够大（整个景区容纳进去）、够广（景区范围以外的容纳进去）、够远（平原上拍摄要能够看到很远的距离）。

小景点拍摄以突出景点为主，需要有拍摄中心，以拍出景点的美感及内容为主，拍摄角度需要略高于小景点建筑物，要求可以看到小景点细节或文字，也可以看到周边的一些风景。

3）航拍注意事项

（1）拍摄前确保无人机电池电量及操作手柄电量充足，确认无误后再进行拍摄。

（2）起飞前检测无人机机桨是否有破损，如有磨损应及时更换，并检测无人机、连接无人机的手柄是否有异常。

（3）起飞时，周边游客或拍摄人员需要距离无人机 1 米以上，避免在无人机起飞时被无人机碰到而受伤。

（4）无人机起飞后到达一定高度，需要调整方位时，应先短暂停顿 2～3 秒，不可在无人机到达一定高度后直接前后飞行。无人机上升到一定高度后，如果上空风比较大，直接飞行会有炸机的危险。

（5）无人机降落时，需要确认下方是否安全，选择空旷的地方降落。

（6）无人机飞行时，在可视范围内需要先进行观察（高度不够，周边可能会有障碍物），避免因操作失误而炸机。

（7）在无人机降落后，先切断无人机的电源，再去查看其他方面。

（8）无人机不防水，不可在下雨天进行飞行。

无人机航拍全景图合成参考图如图 6.6 所示。

图 6.6　无人机航拍全景图合成参考图（沙湾古镇俯瞰图）

任务二　后期制作与发布

➡ 任务描述

通过前面的学习，我们了解到全景图及其制作技术，本任务将引导大家进入后期制作与发布的实操环节。

任务分析

在前期拍摄之后，我们将开展后期制作与发布。

知识准备

主要利用后期软件将处理好的单个场景每个镜头的图片或视频拼合在一起，做成真正的全景图或全景视频，在此过程中用户可以单击放大及处理拼合后的作品的细节，直到满意之后导出全景作品，然后使用 720 云全景制作工具上传和发布全景作品。

6.2.1　将拍摄的图片拼接成全景图

前面的任务中，已经讲解了利用 Kolor Autopano Giga（APG）软件将拍摄的图片拼接成全景图的流程，这里就不展开介绍了。

除了使用 APG 软件合成全景图，市场上还有以下软件可以用于合成全景图。

（1）Adobe Photoshop Lightroom

这是一款非常强大的后期软件，具有强大的矫正功能，可以快速地处理图片的色调，相比 Adobe Photoshop 软件更加简洁快速。

（2）Photomatix Pro

这是一款数字照片处理软件，通过将单反数码相机拍摄的不同曝光的图片合成为一张全景图，使全景图画质更加明亮。拍摄时注意尽量避免有人影走动，否则会出现重影。

（3）PTGui/PTGui Pro

这是一款 VR 全景制作的核心软件。将单个场景的每个镜头拼接在一起，得到真正的全景图，可以一键拼接后再放大处理细节。

（4）Pano2VR

这是一款可以补天、补地的软件，也可以将合成处理好的长图转换成全景图。

熟悉各种软件的优缺点，加以灵活运用，会让我们的 VR 全景制作得心应手！

6.2.2　使用 720 云全景制作工具上传和发布全景作品

在完成后期拼接合成工作后，我们会得到一些全景图，如图 6.7 所示。

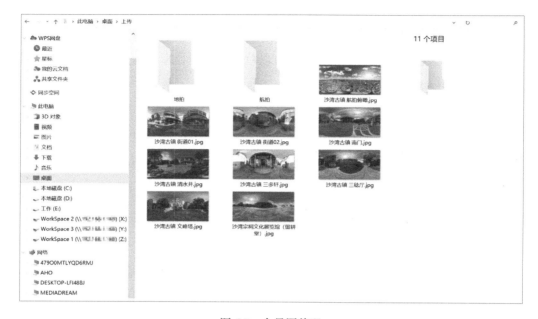

图 6.7　全景图整理

在完成前期的准备工作后，开始上传和发布全景作品并添加交互功能。

（1）打开浏览器（建议使用谷歌浏览器），输入 www.720yun.com（720 云官网网址），进入 720 云官网首页，如图 6.8 所示。

图 6.8　720 云官网首页

（2）单击右上角的"登录"按钮，输入手机号及密码（或使用微信扫码）登录，如

图 6.9 所示。如果用户没有 720 云账号，则单击右上角的"注册"按钮，输入手机号验证注册，注册完成后，登录即可，如图 6.10 所示。

图 6.9　720 云官网登录界面

图 6.10　720 云官网注册界面

（3）登录成功后（自动返回到首页），打开"发布"选项卡，选择"全景漫游"选项，开始上传和发布全景图，如图 6.11 所示。

图 6.11　选择"全景漫游"选项

（4）进入发布页面，单击"从本地文件添加"按钮，如图 6.12 所示。

图 6.12　720 云官网上传页面

（5）单击"上传并打水印"按钮或"上传但不打水印"按钮后，将自动打开本地文件夹，选择需要上传的全景图，用户可以单选或多选本地作品，单击"打开"按钮即可确认上传，如图 6.13 所示。

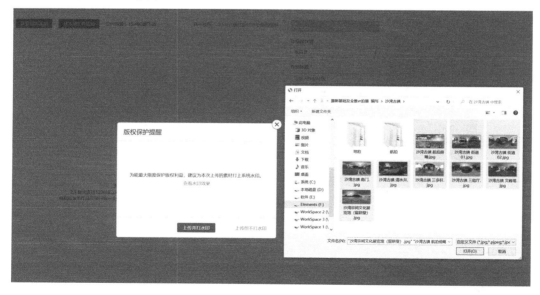

图 6.13　选择需要上传的全景图

（6）开始上传全景图，如图 6.14 所示（上传过程中，请不要关闭或刷新此网页）。

① 在上传过程中如果需要删除某张图片，可以单击"移除"按钮将其删除。

② 如果不想再上传这个作品或出现了上传失败等问题，可刷新此网页中止上传或重新上传。

图 6.14　图片上传中

（7）完成全景图上传和发布。

① 通过鼠标光标拖拽的方式调整全景图顺序，此顺序即作品中场景的显示顺序，之后也可以对作品进行编辑修改。

② 重命名全景图，重命名后的名称将同步至作品中，也会同步至素材库中，方便进行管理，如图 6.15 所示。

图 6.15　重命名全景图

③ 在完成①②的操作后，填写"作品标题""作品分类"等作品信息（*为必填项），如图 6.16 所示，单击"发布作品"按钮即可完成全景图的上传。

④ 单击"发布作品"按钮后，会显示发布成功页面，提示作品发布成功，如图 6.17 所示。

图 6.16　填写作品信息

图 6.17　作品发布成功

（8）管理作品。

① 直接选择作品，前往作品编辑界面进行编辑，如图 6.18 所示。

图 6.18　直接编辑作品

② 也可以单击右上角的头像进入管理中心，单击"作品管理"按钮，选择"全景漫游"选项，查找之前创作的作品进行编辑，也可以新建文件夹，管理作品分类，如图 6.19 所示。

图 6.19　查找并编辑作品

（9）从素材库中获取素材并发布。

单击右上角的头像进入管理中心，单击"素材库"按钮，之前上传的所有素材都保存在素材库中，用户可以在素材库中进行素材管理，同时也可以上传素材，如图 6.20 和图 6.21 所示。

在素材库中管理素材的优点如下：

① 速度相对较快、较稳定；

② 可以单击"从素材库添加"按钮添加老素材，单击"从本地文件添加"按钮添加新素材，便于开展更好的创作。

在素材库中管理素材的缺点是：素材上传完毕后，并不会直接生成作品（用户可以单击"发布"按钮进入发布页面，单击"从素材库添加"按钮，填写"作品标题"及"作品分类"等作品信息进行发布）。

图 6.20　素材库页面

图 6.21　上传图片到素材库

（10）同理，上传全景视频的方法如下。

① 单击"发布"按钮，选择"全景视频"选项，单击"从素材库增加"按钮，在此页面中单击"上传素材"按钮并等待制作完毕，制作完毕的素材将在此页面中展示。选择需要上传的全景视频并确定，填写"作品标题"和"作品分类"作品信息，单击"发布作品"按钮即可完成全景视频的上传，如图 6.22 所示。

② 也可以在"管理中心"的"素材库"中上传与管理全景视频。

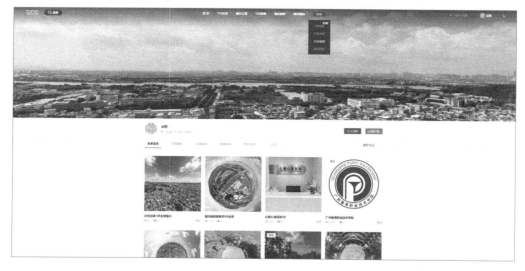

图 6.22　发布全景视频

（10）执行完以上操作，就完成了全景作品的上传和发布了，单击作品链接就可以浏览该全景作品了，如图 6.23 所示。

图 6.23 浏览全景作品

6.2.3 熟悉 720 云全景交互可视化在线编辑工具

720 云是国内优质的全景交互可视化在线编辑工具，为全景创作者、用户提供可视化在线编辑界面，如图 6.24 所示。720 云可以为"全景漫游 H5"添加各类交互、介绍功能，生成 H5 链接，支持转发到微信等社交应用，也可以通过网页浏览器、嵌入式 App、微信小程序等进行观看。另外，720 云支持生成 H5 离线包，支持私有化部署到自己或甲方的服务器上，触摸屏、平板等设备可以在无网络情况下访问观看全景漫游。

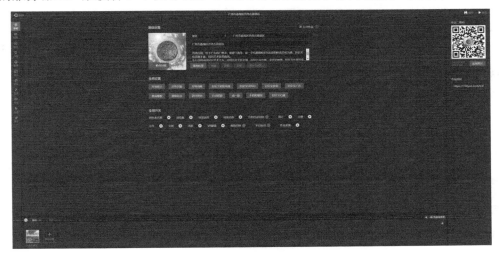

图 6.24 可视化在线编辑界面

扫一扫

1）基础

（1）基础设置

① 封面：微信分享"全景漫游 H5"时，分享卡片上显示的小图。

② 作品分类：有助于作品快速进入分类频道（在网站搜索时，可以选择对应的分类，提高工作效率，作品分类可使我们的作品在相应的频道下显示出来）。

③ 作品标题：H5 网页中显示的网页标题；微信分享卡片上的标题（大字部分内容）。

④ 作品简介：界面按钮"简介"中的内容；微信分享卡片上的描述语部分（小字部分内容）。

⑤ 添加标签：为作品添加标签（在网站搜索时，可以选择对应的"关键词"，提高工作效率，作品分类可帮助我们的作品在相应的"关键词"搜索结果中显示出来）。

⑥ 公开作品：控制该作品是否在账户的个人主页上进行展示、在搜索结果中出现，获取到该作品链接的人，仍可正常访问。

（2）全局设置

① 开场提示：用于提示该全景作品如何进行交互，用户可以换成自己的 Logo、进行品牌露出等。也可以拖拽右侧的控制条控制它的显示时间。

② 开场封面：可以设置一张平面图（支持多种格式的图片，如 JPEG、PNG、GIF 格式）作为 H5 网页的开场封面。建议使用 PNG 格式，背景色选用系统提供的纯色，这样可以让封面图片适配各类屏幕，不被拉伸变形而影响观看。

③ 开场动画：切换全景作品的开场动画效果，或者关闭开场动画效果。

④ 自定义按钮：可为全景作品添加全局显示的按钮，最多支持 3 组，每组 5 个，共计 15 个自定义按钮。按钮类型支持链接（一键跳转到指定网页链接）、电话（手机号码、固定电话号码）、导航（一键进入地图导航，地图接口由高德地图提供）、图文（图文音频结合展示）、文章（支持文字、图片、视频等内容）、视频（支持第三方 https 视频分享通用代码、本地上传视频）等。

⑤ 访问密码：设置访问密码后，用户浏览全景作品需填写访问密码。

⑥ 界面模版：更改 H5 网页的 UI 样式。

⑦ 自动巡游：设置全景画面，在没有交互的情况时，指定时长后，画面开始自动巡游展示。

⑧ 说一说：对作品进行留言、评论（不支持回复），观看者需要登录账号才能进行留言。

⑨ 标清/高清：设置默认的加载清晰度及控制按钮的显示。

⑩ 手机陀螺仪：控制重力感应是否开启及控制按钮是否显示（部分设备由于自身无该硬件配置，可能导致该功能不能生效）。

⑪ 自定义右键：在电脑端单击鼠标右键或在手机端长按画面时，会弹出隐藏列表，最多支持添加 3 条自定义链接。

（3）全局开关

① 创作者名称：控制是否显示账号昵称。

② 浏览量：控制是否显示作品人气数。

③ 场景选择：控制是否在初始加载页面后，默认展开全景缩略图列表。

④ 足迹：控制是否显示全景图的拍摄位置。

⑤ 点赞：控制是否显示点赞功能。

⑥ VR 眼镜：控制是否显示切换作品 VR 状态（双目模式，用于搭配 VR Box 使用，部分情况下无法使用该功能，可以选择更换浏览器再次尝试）。

⑦ 分享：控制是否显示提示分享的按钮。

⑧ 视角切换：控制是否显示切换观看全景画面的视角状态（不同视角状态下，画面会进入不同的畸变模式）。

⑨ 场景名称：在每切换到一个新的全景场景时，控制屏幕上方是否临时显示该场景的名称。

（4）底部场景选择

该部分为场景的缩略图列表控制区，用户可以通过添加分组对全景图进行分组、重命名场景名称、替换缩略图封面甚至隐藏部分缩略图（可以通过场景切换热点访问隐藏场景，加强引导性）。

用户也可为"场景选择"控制按钮更换图标、重命名图标文字。

2）视角设置

① 当前初始视角：在界面中，用户可以使用鼠标左键拖曳或操作键盘方向键的方式

将画面调整为想要场景默认显示的角度，单击"把当前视角设为初始视角"按钮即可，如图 6.25 所示。

② 视角（FOV）范围设置：设置默认加载初始画面，以及可缩放的最远、最近画面。

③ 垂直视角限制：控制可观看的画面的范围，如果不想展示顶部或地面的部分，可通过控制这个参数来控制显示的范围（该功能在陀螺仪开启的状态下不生效，手机端因为设置有回弹效果，会导致画面可以观看到限制区域）。

④ 自动巡游时，保持初始视角：在无交互状态下，画面进行自动巡游时，将画面的垂直高度巡游调整到初始视角的高度。

图 6.25　作品视角设置界面

3）添加热点

（1）选择图标

① 系统图标：系统图标为系统库提供的图标素材，分为动态图标和静态图标两种。

② 自定义图标：可自主上传热点按钮图标素材，单图支持 JPEG、PNG、GIF 格式；可插入序列帧图片（帧动画的帧图片序列）实现动态按钮效果，如图 6.26 所示。

③ 多边形图标：可通过在全景图上圈选区域，形成多边形可交互区域。

（2）选择热点类型

① 全景切换：单击切换到指定场景。

② 超链接：单击跳转到超链接页面。

③ 图片热点：单击弹出图片内容。

④ 视频热点：单击弹出视频内容，视频内容支持来自第三方视频及本地视频。

⑤ 文本热点：单击弹出文字介绍内容。

⑥ 音频热点：单击播放音频内容。

⑦ 图文热点：单击弹出图片、文字、音频结合介绍内容；展示界面有两套模版。

⑧ 环物热点：单击弹出序列图片内容，可通过左右拖拽来切换视角，观看不同的图片，用于展示环物图片素材组、状态切换图片素材组。

⑨ 文章热点：单击弹出文章内容，文章支持文字、图片、视频混排，如图 6.27 所示。

图 6.26　作品热点设置界面 1

图 6.27　作品热点设置界面 2

4）沙盘

电子沙盘：可为项目添加平面户型图、总体结构平面示意图，以及在图上添加定位点，快速定位到目标场景，如图 6.28 所示。

5）遮罩

① 天空遮罩：在场景顶部的位置添加图片，来遮盖顶部或者展示 Logo、品牌等信息。

② 地面遮罩：在场景地面的位置添加图片，来遮盖底部或者展示 Logo、品牌等信息，如图 6.29 所示。

图 6.28　作品沙盘设置界面

图 6.29　作品遮罩设置界面

6）嵌入

① 文字标记：可对全景图上的建筑物、物品等内容进行文字标注、场景说明。

② 图片素材：可插入单张、多张图片，嵌入全景图中，循环播放图片，实现动态场景的效果。

③ 序列帧：可插入序列帧图片（帧动画的帧图片序列），实现动态场景的效果，是比 GIF 更为稳定的动画展现形式，适合播放 PNG 格式的素材。

④ 视频：可插入跟随场景转动的平面视频，实现动态场景的效果。

⑤ 标尺：可对场景内的建筑物、物品进行尺寸标注，如图 6.30 所示。

图 6.30　作品嵌入设置界面

7）音乐

① 背景音乐：为场景设置背景音乐，不同场景可使用不同的背景音乐文件。

② 语音讲解：为场景添加解说音频，不同场景可使用不同解说音频文件，如图 6.31 所示。

8）特效

① 特效：可以给场景添加太阳光、下雨、下雪等特效，甚至可以自定义图片素材。

② 滚动文字：顶部滚动文字，在页面顶部设置循环滚动文字，如图 6.32 所示。

9）导览

录制预设动画路径，观看者可一键开启自动导览介绍（介绍内容可以包含角度转动、场景切换、文字及音频内容），如图 6.33 所示。

图 6.31　作品音乐设置界面

图 6.32　作品特效设置界面

图 6.33　作品导览设置界面

10）足迹

为每张图片添加拍摄地址/物理地址，该功能适合合集类图片作品使用，如图 6.34 所示。

图 6.34　作品足迹设置界面

11）细节

用于快速定位和展示画面的需要突出的细节位置或需要重点展示的位置，也可用于大像素全景的细节/重点位置的快速定位展示，如图 6.35 所示。

图 6.35　作品细节设置界面

项目小结

本项目介绍了 VR 全景技术最常见的应用之一——VR 全景旅游项目，并以著名 4A 级旅游景点——番禺沙湾古镇为例讲解了旅游景点 VR 全景制作。先讲解了前期拍摄，即通过单反数码相机拍摄景区主要核心景点，后讲解了后期制作与发布，具体包括利用 APG 等软件将拍摄的图片拼接成全景图、使用 720 云全景制作工具上传和发布全景作品、熟悉 720 云全景交互可视化在线编辑工具等。

习题

一、简答题

1．简述全景作品拍摄的一般流程。

2．简述全景拍摄点位选择规范。

3．简述 720 云全景制作工具上传和发布全景作品的操作过程。

二、实操题

通过 720 云全景制作工具制作校园漫游作品。